Best Time

白马时光

人生所有的机遇，
都在你
全力以赴的路上

韦 娜　著　

百花洲文艺出版社
BAIHUAZHOU LITERATURE AND ART PRESS

图书在版编目（CIP）数据

人生所有的机遇，都在你全力以赴的路上 / 韦娜著
. — 南昌：百花洲文艺出版社，2018.6
ISBN 978-7-5500-2851-7

Ⅰ . ①人… Ⅱ . ①韦… Ⅲ . ①随笔—作品集—中国—
当代 Ⅳ . ① I267.1

中国版本图书馆 CIP 数据核字（2018）第 108495 号

人生所有的机遇，都在你全力以赴的路上

RENSHENG SUOYOU DE JIYU，DOU ZAI NI QUANLIYIFU DE LU SHANG

韦娜 著

出 版 人	姚雪雪	
出 品 人	李国靖	
特约监制	王 瑜	
责任编辑	游灵通	程 玥
特约策划	刘洁丽	
特约编辑	刘洁丽	王良玉
封面设计	林 丽	
版式设计	王雨晨	
绘图设计	舟蒲麦	
出版发行	百花洲文艺出版社	
社 址	南昌市红谷滩世贸路 898 号博能中心Ⅰ期 A 座 20 楼	
邮 编	330038	
经 销	全国新华书店	
印 刷	三河市兴博印务有限公司	
开 本	880mm×1230mm 1/32	
印 张	9	
字 数	170 千字	
版 次	2018 年 6 月第 1 版第 1 次印刷	
书 号	ISBN 978-7-5500-2851-7	
定 价	42.00 元	

赣版权登字：05-2018-238

发行电话 0791-86895108
网 址 http://www.bhzwy.com
图书若有印装错误，影响阅读，可向承印厂联系调换。

愿我们一路光明。

有温暖、光芒、微笑、掌声，

还有对抗黑暗的 气 和 心。
勇 决

不快乐和快乐，
得到和失去，
都是爱的过程，
最终只是为了证明人生没有虚度，
这是生命给我们的琐碎和必然。

旅途中最快乐的事情是一群人陪着你，

边走边笑，
走到一个目的地，

然后分道扬镳。

反ноя

写很多故事、很多文字，

去很多地方，

听很多人的故事，

看很多

目　录

第一章

做一个努力奔跑的人

目　录

第二章

你要不动声色地长大

第三章

通往梦想的路从来不是一条坦途

目　录

第四章

我曾无条件爱着你

第五章

请相信，岁月会待你越来越温柔

不要觉得忧伤，
也不要觉得一切

漫
漫
无
期

成长的路上，

只有我们自己。

想成为很棒的人，

就先去做好 普通人

我渐渐才明白，

成长的路上很多东西都会丢。
掉

愿你坚持，
更希望你快乐。

我预见了所有的悲伤，但我依然愿意前往

2018 年的春天格外漫长。恰好，我喜欢春天。

在我生日植树节当天，我交了这本书的书稿，然后从北京来到了上海。离开了那个生活很多年的地方。等车时，我还是落下眼泪，仿若不舍与青春告别。前方路漫漫，我似乎可以预见所有的悲伤，但我依然愿意往前走。

我拒绝了所有人的送行，或告别宴会。我知道，他们中会有人赞叹我的勇气，有人劝我说北京才是我的家，有人断言我还会回去。直到我最好的朋友丹丹给我留言："我去你家了，看到你的房子被搬空了，我知道，你不会回来了。"

她问我，是不是已经习惯了上海这边的生活。

可能并不是习惯，而是接受了自己的选择。上班下班，看书写稿，只是再也没有人陪我深夜里聊天，约我喝酒认识新的朋友，和我一起躺在沙发上发呆。

最后丹丹说会帮我照顾好家里的花花草草。可我知道，北京

的那些花草将陆续枯萎衰败。

我在上海重新买了鲜花，买了喜欢的盆栽。买花的时候，听到凯伦安的歌，我问那个卖花的女孩："幸会，原来你也喜欢凯伦安呢！"

可惜，她摇摇头，表示不知道这是谁的音乐。我顿时满怀失落。

你所陶醉的、所珍爱的、所心喜的，对别人来说，可能不过是最普通的一首音乐，或最寻常的一场风景。我多么担心，我笔下所痴迷的、所记录的、所描写的，恰好是你们并不在意的生活。

五年前，我特别喜欢听凯伦安的音乐，每天都听，听了半年时间。听到骨子里似乎住下了她的旋律，她的忧郁，她的慵懒。不知哪一天开始，我不再听她的音乐。记忆中，她似乎一直在用音乐讲故事，讲她的漂泊，讲她的梦想，也讲她失落的爱情，像极了某个阶段茫然又无措的我。

那时，我还是一个配饰设计师，手中做的项目即将结束，为了最后的完美呈现，我索性在酒店里住了两个月，审核每个细节。

老板对我说，你要看好所有的设计图，把所有的配饰都放在正确的位置上，不然你要承担自己的错误。

我默默数了一下，一千多件配饰，光是吊灯，就大大小小几十个。深呼吸了三下，我在脑海中把所有的东西归类放好，一遍遍地重复。有段时间，我不能睡觉，一闭眼，就是各种配饰在寻找自己的位置。

最后，所有的配饰都没有被我放错，我小心翼翼地走出会场，很想喝酒，一定要喝醉的那种。三个月没有露出笑容的老板深情地拥抱了我，她赞美我是最适合做配饰设计师的人。

而我却提出了辞职。

她问我为什么。

我总觉得自己身边流动着很多句子，在我画插画时，在我挑选配饰时，在我摆弄摆件时，在我安装酒店窗帘的那一刻，总有那么一瞬间，一些温暖的句子跑到我的面前，特别美好，也特别神奇。我要去记录它们。我以后想成为一个作家，一个小说家。她劝我不要贸然辞职，毕竟写小说需要天赋。

恰好那时，也是我坚持写作三年的一个转折点。自从那个转折点开始，我就再也没有停下手中的笔，我一直写，一直写。我从未想过停下来，也无法停下来。写故事的确有一种魔力，因为故事就是存在于人们灵魂深处的东西。

我不知道那位老板现在会不会看到我写的书。她又会如何回忆我，或许已经忘记我。

我终于如愿成为了真正的写作者。那年看似冒失的辞职，可能也是正确的。我们会在哪一刻改变，又在哪一瞬间做的一个选择，又有谁可以说清楚呢。

这些年，我经常出差站在讲台上讲课，但我从未放弃过写作，从写短小的句子，到短篇故事，到长篇小说，我坚定地认为自己是属于文学的。那些我看过的故事，读过的书，早已成为我的血液，成为我生命中的一部分，我们无法离开彼此。

作为一个作者，我已经写了七年之久。

在这路上，我自己从未想过要去做激昂的斗士，我只想用细水长流的方式去表达我的立场和选择。我希望每一个听过我讲课的你，每一个看过我的文字的你，都能够感受到一个真实的我，一个满怀善意和温暖的人。

在我心里，我希望成长的每一步都脚踏实地，内心平静。我不能保证我做的事情全部正确，但我愿意去尝试去努力。

这一年，我向身边两个最好的朋友丹丹和刘博喃喃不休，我很忧伤。但我回头看从前的路，自己的确越来越好了。有人跑到我的公众平台给我诉说他们的心事，有人给我留言祝福我越来越快乐，有人特意从一个城市跑来见我一面，只想告诉我她所经历的辛酸……

多么幸运，我本只想做大海里的一滴水，永不消融，永远被拥抱。

刘博告诉我说，我的内心就是一片海，温柔又平静，里面住满了你们或伤心或失意的故事。

海水中的水滴是会蒸发的，这世间最坚硬的钻石，经过百亿年的腐蚀，也还是会消散。但我相信，永恒的东西就是这些最温暖的故事，以及一个人对另一个人的爱，它可以长久地住在一个人的记忆里。

这些年，时光如梭，我还是我，那个朴实的、踏实的，一直不敢太嚣张，不敢太快乐的双鱼座女孩。这些年，看过我书的人，或一直追随着看我写故事的你，过得还好吗？

如果你还记得我，请你写信告诉我。我还在等你。

韦娜，写于上海

2018 年 5 月

你必须特别努力，才能过上想要的生活

　　常常会有人带着对生活以及命运的困惑来询问我："要怎么做才能过上自己渴望的生活，又要如何努力才能在时代的洪流中站稳脚跟、扎下根基？"我给出的建议形式多样，但若将其整理归纳，所有的长篇大论都可以浓缩为两个字——"努力"。

　　其实道理谁都懂，真正难的不过是日复一日的实践以及毫无保留地付出。

　　生长在这个星球中的每一个人，从母体中脱离的那一刻起就会萌生出人类最本能的欲求，而这样的欲求会随着年岁的增长变得越来越庞大，从吃饱喝足上升到金钱名利，甚或于是更高的层面。而想要满足这些充斥在整个躯体里的欲望，唯一的途径就是全力以赴地争取。

　　所谓成长，也就是当你知晓自己想要什么时候的那一刻起，带着阵痛的无助以及对未来的期盼，小心翼翼地去不断探索和建构的过程。

　　在这个成长蜕变的过程中，我们都会遇到一些无可避免的困难，这些艰难坎坷可能来源于自我意志的薄弱、原生家庭的羁绊，也可能来源于社会环境的重重压力。在遇到这些问题的时候，有半数的人会选择妥协和屈服，重新退回安逸舒适的小窝，然后在安逸的日子里一边观望着那些比他努力的人，一边整日哀叹自我生活的不如意。

总体而言，生活其实还是很公平的，它赋予每个人拥有梦想的权利，继而把一方广阔天地摆在我们面前，想要怎样的未来全凭自己的努力。就像路遥先生在《平凡的世界》里写道："即使最平凡的人，也得要为他那个存在的世界而战斗，在这个平凡的世界里，也没有一天是平静的。"

但生活再艰难，也要纵容你那闪闪发光的梦想。

肉体凡胎的我们，无一例外的会被各种外在因素影响，从而在前行的路上变得小心翼翼，甚至停滞不前。大家会在血脉亲情里反抗妥协，会在复杂情爱里挣扎犹豫，广阔的生活被这些原本微不足道的小事压得喘不过气来。有时望着眼前那座霓虹闪烁的城市，会被突然席卷而来的恐惧和不安准确无误地击中，偌大的城市都是快步行走的路人，仿佛他们都有一个明确的目的地，只有自己不知道该何去何从。

这样茫然无措的时刻，每个人都会有，因为人总是过不上自己想要的生活。但这绝对不能成为你原地踏步的理由。你要知道，在你自暴自弃的时候，依然有人在负重前行。

韦娜就是这样一个人。

在这样一个快节奏的时代里，她一直以一种温和又不失力度的姿态来直面生活的种种疑难困惑。她持续地阅读，以此来获得精神的养分。她不间断地创作，把自己对生活的见解和感受用文字的形式呈现给我们。她也不停地旅游行走，试图去发掘更多来自生活的馈赠以及隐藏在深处的善意。

她把想说的话记录在这本书里，用平实又温暖的文字告诉我们她所经历的以及看到的事。这其中包括个人对生活的探求、对梦想的态度、对爱情的看法、对亲情的理解以及对友情的见解。

对生活，她说："在知识日新月异的时代，原地踏步，其实就是一种退步。"对梦想，她说："我喜欢有期待的生活，然后一点点去实现梦想的感觉。"对爱情，她说："找到一个只爱你内心世界的人，才是人之幸事。"对亲情，她说："他一生严肃，看似无情，内心却满是柔情。"对友情，她说："最好的友情莫过于你替我安稳地活着，我替你去生或者去死。"

每一个字符都饱含着她人生旅程里的智慧和探求。

希望你也可以在韦娜的文字里获得一些前行的力量。

狄仁六

青年作家，著有《好好说再见》，一路向北文化传媒 CEO

她来自 B612 行星

很长一段时间，我习惯了每天一睁眼便开始繁琐重复的工作，像机器人一样应付着日复一日的生活。我不知道这样的生活，是否很多人都在承受，也不知道如何突破，才能让自己快乐起来。

直到有一天，我遇见了韦娜，并和她成为了很好的朋友。她的一切都让我有一种很温暖的感觉，她让我看到了另一种生活，她画画、演讲、写作、弹钢琴……我不能用一个词来概括她的细腻与美好，只能用一些小小的细节来写下真实生活中的她，以作纪念。

我一直认为画家是能够留住时间，并使美好的事物跃然纸上的一类人。他们将时光定格在那一刹那，看到作品，仿佛就看到当时的画面，这种画面是永恒的。

之前不知道韦娜对作画有研究，有一天，我心血来潮地对她发消息说，自己想学画画。

她回复："那我教你吧。"

我心里一连串的问号在心底响起：你会画画？你什么时候学的画画？画得怎么样？你有能力教我画吗……

那天，我们聊了很久。我才了解到她从很小的时候就开始学绘画，读小学时，曾把家里的墙全都画满了画，父亲没有责怪她；大学，她念的也是绘画专业；现在，她偶尔帮书籍画插画，或帮酒店画定制的挂画。

她对我说最喜欢的画家是莫兰迪，他每天都在画重复的东西，却能让人从朴素的绘画中感受到平静的力量；她最喜欢的钢琴家是肖邦，她曾因为他的一句遗言而看完了市场上所有关于肖邦的书；她会背诵《论语》《道德经》，最近又开始背诵《诗经》……

我不得不对她敬佩万分，同时也好奇，你哪有这么多时间来学习这些呢？

她笑着说自己是个很无趣的人，说自己比较迷恋知识，每日里最喜欢听的是严伯勋的艺术课。每日看书、听书，已是她的日常。

我想，她走得很远，走得比身边的人更好，可能是因为她的自律吧。我并不觉得热爱学习和痴迷知识是无趣，反而觉得我们可以从学习中获得安全感。

在那之后，我开始利用闲暇时间给自己充电，努力学画画，运用好独处的时间，记录生活里美好的点滴。

韦娜还有另一个身份——她是意林的首席演讲师，经常奔走在全国各地的中学、大学，站在舞台上讲课，并乐此不疲。

我钦佩她拥有那么多机会，也钦佩她的能量。作为朋友，她有时会给我汇报行踪，无外乎是又到了哪个城市，哪个学校讲课，我羡慕她能走那么远，看那么多风景，遇见那么多人。然而，我最羡慕她的莫过于她倾听过那么多的故事，它们总能在恰当的时候呼之欲出，仿若浩瀚的海洋。那些故事里不仅有悲喜，也有丰富的人生经验。

一次，我跟她在咖啡馆聊天，聊起她最喜欢的书。她一口气说了许多书名，说自己最喜欢《小王子》这本书，随后，她背诵了书中许多动人的情节，并为我讲解那些文字中所表达的深层含义，我听得津津有味。末了，她贴着我耳朵，说要告诉我一个所有人不知道的秘密：她来自 B612 星球。

对此，我深信不疑。

我曾和她探讨写作的意义，她说自己永远无法停止手中的笔，她要不停地写，不停地记录，才会有安全感。

在真实的生活中，她是隐忍的、沉默的、文艺的、安静的，甚至不善交谈，可能她已经在舞台中、文字里、琴键上说完了自己想说的话。在我心中，我更愿意相信她是 B612 行星上的那朵玫瑰，但不同于它的任性与骄傲，她是内敛而低调的，是特别温暖而又浪漫的女孩。

我相信每一个读过她笔下文字的人，都会被其中的灵气吸引。

我更相信，每一个遇见过她的人，都会喜欢上她的真诚和善意。

鹿安

独立摄影师，"那些"画廊 CEO，环游世界的旅行者

那些特别厉害的人，

不是机遇特别垂青他们，

命运是公平的，

每一个机遇，都在你全力以赴的路上。

第一章

做一个努力奔跑的人

辛苦的每一步都算数，每条路，每一种生活，都有坎坷，都有艰辛，都有迷茫，都有纠结，都要和痛苦撕扯，都要迎难而上去努力。

我不过只列计划没有行动的人生

1

一个很努力却一直没有写出作品的作者对我说，她错过了微博的红利期，又错过了微信公众号的红利期，现在她不能错过直播的红利期。她要顺着直播的势头，大刀阔斧地红起来。而后，她给我讲了一些华丽的规划。

坐在她对面的我，还未听完她的五年写作计划，就已经没了耐心。

此时的我，不再喜欢看长篇大论的目标，也不再信任鸡汤式的口号，那些往往都没有办法实现。现实总让人忧伤，我不再喜欢假设中的世界，以及幻想式的完成。

一个最近刚失恋的女朋友对我说："韦娜，我不再爱那种'口嗨式'的男朋友，满口计划，甜言蜜语，永不行动，从未收到过他送的花。"

可能和这个作者的想法不同，我依然认为，一个作者是否能够借助媒体顺势而起并不是最重要的，列出很多出版计划也不是最重要的。最重要的还是作品，是你笔下的故事。一个作者的成功就是写下真诚的、治愈人的文字，鼓舞更多的人即使看清楚生活残忍的真相，却依然无比热爱它。

对面的作者听出我的心不在焉，突然问我："你难道没有长远的计划吗？"

啊，关于计划。这些年，我真的很少列十年、五年甚至三年的计划。

在我模糊的概念中，自己只想成为一个不停写作的人。写很多文字，去很多地方，听很多人的故事，看很多风景。

2

以前我也总是着迷于写下未来的规划，可后来我发现，规划可能只是一种用于自我安慰的幻想。

我清楚地记得，那是一个下雨的夜晚，一些朋友坐在一起交流，他们对我说，他们要在三年后成为怎样的人。一个女孩仰着脸在操场上对我说，她想去法国留学，并留在那边的小镇生活，生三个孩子，拥有一个爱人和一栋别墅。现实却是，她在北京待了三个月，就回了老家，嫁给了一个普通男人，过上了普通的主妇生活。当然这没什么不好，可我总是怀念她之前规划的人生，并常常想问她是否还记得从前。

我还记得自己刚来北京时，写了一个很详细、很具体的五年乃至十年计划，要做的事情被写在了纸上。上次收拾房间，丢弃一些旧书，我忽然间发现了自己的五年十年计划，顿时脸色羞红。除了实现了写作的梦，其他的，诸如成为服装设计师、成为大学老师，等等，此时看来都遥不可及。

看过很多书，励志的、职场的、心理的、理财的……他们都说，人生是可以规划出来的，你自己的态度决定了你过怎样的生活。可被规划的人生，就像一列知道终点的火车，或知道目的地的飞机，人生如此，岂不是太无趣？而且，真正的目的地其实是内心想到达的远方，它是不能被规划和计划的。因为你一直在成长，看到的风景也在变化，内心对这个世界的感受在不停刷新。以前觉得不能实现的，以后可能会是轻而易举的小事，以前觉得遥远的，可能此时触手可及。

我的第一份工作是配饰设计师，我以为自己会一直画画，一直做设计，直至终老。之后我写了第一本书，被很多人喜欢，我成了作者，从此之后的目标，不过是想做好一个写作的人。看，计划就被打乱了。我现在很喜欢写作，偶尔也会画插画，但我真的不再如最初那般，想着成为一个很牛气的配饰设计师，穿着白色的西装套裙，为了一个好的设计稿通宵熬夜，拿下一个又一个配饰设计案。

再看自己之前的计划，我只能说，对不起，我没有成为想象中的那个人，也没有完成所谓的五年计划，但我成了更好的自己，并享受此时的一切。

3

我经常熬夜写作，认识了一个写长篇小说的作者云端，她是一个很努力的二十多岁的女孩，写了二百多万字的长篇小说。她白天写公司的稿子，晚上创作自己的书。我们经常聊写作，聊生活，聊爱情，也聊稿费。

她很年轻，却写了很多年，成名也较早。她常说，自己一定要在三五年内成为行业翘楚，出版二十本书。写作这个行业不赚钱，她经常调侃自己会累死在用于写作的电脑前，而且还不能给父母留下什么。

后来她看村上春树的《无比芜杂的心绪》，序言中，村上春树写道：感谢自己可以成为一个作家，一边拿着稿费一边成长，一边出书一边领悟。这是唯一一个有人给你钱供你学习和成长的职业。所以，要惜福。

从此之后云端再也没有抱怨过，也不再列几年计划。

可能一个列过计划又自己悄悄抹去的人，才更明白一步一个脚印的成长，才会让我们走得更快。那些毫无意义的十年计划，却不能让我们成长。

写作多年，我逐渐意识到，写作真的毫无神秘可言，它就是一个反反复复写的过程，需要你心平气和，容不得半点松懈。它并非像一列知道目的地的火车，更像一个人从容而随心的旅行。看透风景，看懂人群，才有感触，才能下笔。所谓的天赋，大概真的就是那份随心所欲。所谓成功，也不过是看谁更能坚持而已。

同时，写作也是一件很玄妙的事情，没有热爱，根本无法坚持。一旦爱上，一日不写，就会心虚，觉得自己没有什么进步。

如村上春树所写："写作基本上是一项'慢节奏'的活计，几乎找不到潇洒的要素。概而言之，实在是效率低下的营生。这是一种再三重复'比如说'的作业，周而复始，没完没了，是一条永无止境的挪移置换链条，就像俄罗斯套娃，一层又一层地打开。恰恰正是这些可有可无、拐弯抹角的地方，才隐藏着真实和真理。"

4

以前去书店的时候，特别容易被那些大而闹的书名吸引，比如《25 岁之前要做的 100 件事》《30 岁之前要去的 100 个地方》，这些书只靠标题就足以让当时的我满心敬畏。毕竟二十五岁的时候，那一百件事我一件都没有做过；三十岁的时候，书上说的一百个地方我都还没去过。和其他人相比，我如此寒酸，我真怕自己一生都无法看到那些风景。真的，落后这件事，让我无比恐慌。

三十一岁的时候，我却不再那么悲观了。我会想，可能每个人的成长阶段各不相同吧。

可能今天你特别想干的事情，在一段时间后你会发现自己根本做不好；可能以前你曾爱过的一个人，此时却发现，幸好他那时提出了分手，你才得以止损，最终还要感谢他的不娶之恩。

过去的时光里，你没有闪闪发光，没关系，一步步来，才可能精彩。现在的时刻，你万分沮丧，就像日本的歌手中岛美嘉所唱的《曾经我也想过一了百了》，可是，你要明白，过分消极和过分乐观都是暂时的，唯有平静而质朴的生活才是真实的。

这个世界真的没有任何标准可以衡量我们所拥有的一切。如果真的有一个标准，我想，那就是不要长成令自己讨厌的样子。比如我，就特别害怕自己会成为那个列了无数计划却从不肯迈出半步的姑娘。

你什么都不做，才会真的来不及

1

我决定去捷克留学的时候，已经三十岁。除了勇气，我毫无支撑。可怕的是，我不敢看身边的人，她们大多都已结婚生子，生活安稳。幸好父母开明，从不给我设限，反而给了我自由，让我自己选择。

我问李老师，我这个年龄，再去留学，是不是有点太晚了，一切都已经来不及。

李老师一直送各种学生去欧洲留学，我的同事被他送到了匈牙利，并在那边定居了。很多人都很崇拜李老师，他博学多识，幽默有趣。

他回答，说实话，三十岁算是留学生中比较大的了，很多学生都是二十岁左右，甚至更小吧。可你如果只停留在这一刻，什么都不去做，一切更来不及。因为一切都不会改变，还是原来的样子。你还是你，多年后，你还在纠结要不要去留学，那时恐怕已经四十岁了。或是，你到了五十岁，心中满是遗憾。

他在微信里给我留了长长的一段话，我看了很受触动。

随后，他对我说了他最好的朋友的故事。

他的好朋友决定去美国读书时，已经三十三岁。那一年，他准备好了结婚的房子，想向女朋友求婚。女朋友比他小六岁，条件很优越。她其实并不在意他的条件，一开始年龄小，图他的可靠，以及对她的爱，后来却觉得他给不了自己想要的生活，所以提出了分手。他特别痛苦，做了各种低姿态的挽留。那女孩却是个很任性的人，一旦做了决定，就没打算再回头。

他只好放手。痛定思痛，他卖了已经准备好的房子，辞职，学雅思，背单词，前去美国留学。这一折腾，不小心过去了四五年。毕业时，他已经三十七岁。但他现在工作和生活都很好，也如愿有了欣赏自己的妻子。一切似乎都要感谢当时女朋友的离开，那件事反而成全了他，让他有了获得崭新人生的可能性。

2

三十岁生日那天，我特意在知乎上浏览了一些帖子，讲很多人三十岁左右离开北上广的原因，他们可能因为没了机会，不得不离开。

三十岁的时候，生活给我们更多的还是贫穷和考验，许多人便觉得没了二十多岁时的机会，与其在这个城市苟延残喘，不如跑到中小城市光鲜地生活。

但大多数情况下，你换了城市，也不过是换了一个地方继续奋斗。

人人都说三十而立，若没有站立在这个世界的资本，人们便觉得慌张可怕。

三十而立，立的究竟是什么？我觉得并不一定是事业有成，一切游刃有余，也可能是确定了一个前进的方向。毕竟在这个时代，在很年轻时就获得成功的概率越来越小，一些人到五十岁时，才刚开始创业。

美国最传奇的创业者，肯德基的创始人山德士上校，他十四岁开始流浪，六十六岁时拿着几百美元的社会福利金，向餐厅兜售炸鸡配方，八十八岁获得成功，他本人的形象也成为肯德基全球性的象征。

中国也有神奇的创业者，那就是三全食品公司的创始人陈泽民。他三岁时就随着父亲过随军生活，辗转各地。他很小就开始勤工俭学。五十岁的时候，他辞职，蹬着三轮车开始售卖自己研制的速冻汤圆，六十三岁的时候，他成为公认的中国速冻食品创始人。

最可怕的不是年龄的增长，而是随着年龄的增长，我们变得不愿去改变自己，一味地沉浸在年龄带给我们的恐慌中，不知所措，不愿前进。

我们或早或晚都会遇见生命的劫数，看似无能为力，或者在

劫难逃，但我们不要坐以待毙，奋力地做自己力所能及的事情，
才可能改变命运。

3

看过一个很感人的故事。

一个男人乘坐飞机回国，一个多小时后，飞机在南海上空遭
遇强烈气流。每次颠簸，都让他觉得距离死神近了一步。空姐艰
难地走在机舱走廊里，帮助乘客戴氧气面罩。很多顾客情绪已不
稳定，男人开始叫骂，女人和孩子开始哭泣，老人们开始祈祷。

他看到邻座的男人正拿出圆珠笔，在手臂上、大腿上、身体
各个部位写自己的名字、所在的城市。他问邻座这么做的意义是
什么。

邻座回答，假如真的遇难了，家人可以根据我这些字认出我，
毕竟飞机从上万米高空坠落，人掉到地上也会面目全非。邻座写
完之后，把笔交给了他："什么都不做，才会真的来不及！"

他刚刚还在感慨命运由天不由他，但依然默默地接过笔，也
开始在身体上写自己的名字。他在自己的身体上，把字写得密密
麻麻，然后把圆珠笔传给了周围的乘客。

他们安静下来，接过笔，也开始在身体上写自己的名字。

幸运的是，飞机最终脱险。他们没有擦掉身上的名字。他们
看着身上的名字，望着彼此，会心一笑。

每个人都会遇见很多考验，有时你会觉得撑不下去了，但你一定要明白一个道理：什么都不做，才是真正的来不及。

宫崎骏的动漫《猫的报恩》里有句台词说，你不能等待别人来安排你的人生，自己想要的，自己去争取。

如果没有争取，便没有开始。

4

现实生活中，我是一个后知后觉的人，做事情常常都比较晚，领悟事情的能力也比较差。遇见事情，我会反反复复地思考，估量着可能出现的最好的和最坏的结果。

我骨子里是一个悲观主义者，往往会把一件事情的结果想得很坏，但我知道一切都没有我想象中那么坏。

我还是会向着最好的结果走去，迎着风雨，奔向我期待的生活。

我知道，即使手里握着很坏的牌，即使没有好的开始，但只要自己去做，去坚持，命运会偏爱这个内心有爱，且愿意奋斗的人。

谢谢你曾经那么努力

1

每次走出地铁之后回家的这段路上，总会看到一个小女孩。

她的妈妈在一旁卖水果，她趴在椅子上写作业。本是平常的事情，我却看得很心酸。因为这个女孩太认真了，像极了小时候的我。

一次，她写作业时，遇到题不会解，问妈妈怎么办。妈妈拿起书看了半天，又摔下："我也不会，叫你自己不好好学！"本是一件再普通不过的教训，小女孩居然哭了起来："我该怎么办？我不会做。"我赶紧拿起书来，和她一起做好了那道题。女孩又惊又喜："谢谢姐姐帮我。"

后来每当她有问题解答不出来时，总是会耐心地等到我下班，前来问我。就这样，我和她之间好像有了某种微妙的联系。每次下班我回家的步伐似乎都轻快了许多，因为我知道她在等我。

熟悉之后，她特别好奇我的小时候，她问我，像她这么大的时候，我都在做什么？

"玩吧，很多小伙伴一起玩，有时被关在房间里，自己玩。"我回答。

"那你不写作业吗？不会写作业怎么办？"她瞪大天真的双眼。

"我啊，我都会写，因为我上课认真听讲。你也要这样。"我教导她。

她认真地点点头。看她可爱的小模样，我好像回到了小时候。像她这么大的时候，我也是如此倔强。一直到现在，每次有事情完不成，我内心总会很紧张，以至于睡不安稳，一定要把这件事完成，我才会轻松下来。

2

这些年来，我像个大人一样在风雨中奔跑、穿梭，但我内心一直住着一个小女孩。我有些自卑，所以一直踮着脚尖来爱别人；我非常认真，所以对自己向来残忍。

虽然成为作者，会慢慢被很多人认识、认可——无论是作者圈的人，还是读者圈的人，但我的内心依然有一种低到尘埃的自卑感，我总认为自己要不断地努力，才能配得上拥有的一切，我不敢也不能松懈，怕一松手，或一觉醒来，世界就变成了另外的模样。

所以，我一直努力地看书、学习、进修、旅行，一步步地往前走去，这些年来，我从未惧怕过什么。虽然曾丢过爱人，曾跌倒，曾不堪，曾在城市的街头哭泣着等车，曾在舞台上说错话、丢过脸，但我哭过之后还会站起来。

可能与别人的安慰相比，我更需要水。早晨的洗澡水和一杯温水，才能真正地治愈我。

在我成长的路上，我曾羡慕过很多人，真的。

那些比我更有名气的作者，那些在我身边开着跑车永远笑得灿烂的女孩，我甚至羡慕身边的同事可以随心去匈牙利留学，羡慕一个非常聪明的姐姐考上了哥伦比亚大学，硕博连读。我只是一个平凡的女孩，所以我才要更加努力。在知识日新月异的时代，原地踏步，其实就是一种退步。

我慢慢静下心来，去看身边的那些人：那个在地铁上还在练习芭蕾舞的小女孩，认真而投入，一旁的母亲一直牵着她的裙摆；那个在图书馆准备考研的男人，辞掉了工作，一心备战；那个终于报名学钢琴的老人，手抚摸着琴键，却敲不下任何一个音符；还有操场上那个疯狂地背诵单词的男孩，我只是路过，就能听出他的发音并不准确……

但我们依然在努力，改变自己，逐渐给自己的生活做加法。

我们也曾像那个小女孩一样，遇见难以解答的问题就着急地想哭。慢慢地，我们明白，只要用心，一定可以找到对的解决方案，而这正是我们成长的时刻。

3

我的同事莫音三十岁的时候，去了捷克留学。

她本是陪同朋友帘子去申请留学，但到了最后环节，帘子放弃了去捷克，莫音有些失望。但她依然拿着签证走完了最后的步骤，顺利地前往捷克布拉格查理大学去读研究生的预科。

从表面看，莫音是轻松的。但我能懂她的付出，她内心的煎熬，以及满满的孤独。莫音先是卖掉了自己在南京的一套小房子，特意辞职跑到北京报了雅思班。为了节约房租，她住在帘子家。帘子一次次劝她不要去捷克留学了，在北京陪她，莫音还是坚持了下来。

到了捷克，她一边学习捷克语，一边上课，还要做兼职教人学中文。她走了一段很辛苦的路。一个女孩，三十岁，在异国他乡求学，内心必然会常常涌现出茫然的感觉。身边的人似乎都比自己小很多，他们脸上满是快乐，莫音常常哀叹，自己一大把年纪，还要如此奔波，但一切都是值得的。坚持学习几年，她可以学会捷克语，享受一段留学欧洲的经历。这是任何金钱都买不到的体验，这是一段没有经历就无法言语的故事。

让我们成长的不是时间，而是经历的每一件事。

这一路走来，所有的考验，都是为了让我们成为更好的那个

人，都在把我们打磨成更温和的自己。

谢谢我曾经那么努力，所以我才可以遇见更好的自己。

谢谢你那么努力，我才能遇见更好的你。

路边趴着写作业的小女孩，在地铁上翩翩起舞的女孩，三十岁去捷克留学的莫音……

自从遇见你们，我慢慢不再羡慕那些生而家境优越的人，我更相信努力的意义。努力不仅是为了成全自己的梦想，更是为了点燃他人内心的灯。

谢谢我们曾经那么努力，让我们看到的世界、走过的每一段路以及拥有的一切，都有了非凡的意义。愿我们一路光明，有温暖、光芒、微笑、掌声，还有对抗黑暗的勇气和决心。

谁不是一边被命运欺负，一边成长

去南京审计大学演讲，结束后，他们送给我一份红色的荣誉证书，上面赫然写着"荣誉导师"。那一刻，我很受触动，百感交集。

有一个女读者因读过我的书，特意来看我，前来拜师，她很真诚，说自己想写作，写电影剧本，写小说，口气之大，让我想到最初的自己。

她说："老师，我现在在一个高中做老师，已经二十多岁，我怕再写不出来，就无法成功了。"

我认真地问她："可有写过什么，给我看看吧？写作，是一件大器晚成的事，你不必着急。"

"没写过什么，但成名要趁早，不是吗？"她连连摇头。

"那为什么要写？并执着地认为写作这条路适合你呢？"我追问。

"我就是羡慕你，我看过你所有的微博，我觉得你写作之路很顺，我想模仿你，成为你这样的人。"她思索再三，诚实地回答。

我深深知道自己内心的欠缺，所以不敢给予她太多承诺，关于拜师，我也怕无力承受她的信任。所谓师者，传道授业解惑也，我怕自己不行。但是关于她说的写作之路很顺，我却很想反驳。一路走来，几多委屈，多少痛苦，我品尝过人生很多滋味，被否定，被欺骗，被一再推向理想的底端，再一点点爬上来。这个过程，没有几次拉扯，人不会成长，作者也不可能成为作者。

一开始，我把一切归于宿命，认为这是命运给我的考验，或者是命中注定我要走这条路，要吃这番苦。虽然我一直努力，但还是想看看未来，想看看命运的安排。

于是，在一个朋友的安排下，我见过一个泰国的师父，他以给人看手纹著称。我摆出自己的掌纹，给他看。师父不懂中文，我不懂泰文，中间有一个韩国人做翻译，他替我翻译成英文，我认真听。

从很小的时候，我便对命运充满了敬意。我相信命运的启示，亦相信一切都有安排，从未想过反抗它。我们用各种方式探索未来，掌纹似乎就是最神秘的线，顺着这线，我们就能找到未来的某种可能。

我毕恭毕敬地坐在师父的面前，小心翼翼地听着韩国人的英文解答，那个下午格外漫长，我流了一身汗。

得到的答案，现在想来也是可以预见的，师父说的什么，若韩国人没有传达错，我理解能力尚可的话，他的意思大多是通过掌纹猜测我最近的生活状态，我未来可走的路，我要前往的方向，我的人生会抵达多远。因师父说得很好，所以我一直很努力，总觉得看到了一些光亮，那恰是我要寻找的。我记得师父说我不喜欢一成不变的生活，若一直无法改变，就会自己折腾着也要做出一些改变。

许多时段，遇见艰辛和难处，想得最多的居然是师父给我的指引。指引是什么，那就是不去过一成不变的生活。我要改变自己，我要更好地安排，我想去流浪，想去更远的地方看一看。我的潜意识告诉自己，远方有我想要的一切。

这让我想起蒋勋先生所写的求学之路，他在《无关岁月》中写道："我害怕自己的生命在固定而且重复的生活中变成一种原地踏步的机械式循环。我看到许多人在很年轻时就'老'了，'老'并不是生理机能的退化，而是心理上的不长进，开始退缩在日复一日的单调重复中，不再对新事物有好奇，不再有梦想，不再愿意试探自己潜在的各种可能。"

于是，他要出走，他特意前往法国留学，就是不满当时的自己日复一日过着没有新意的生活。他要挑战自己，他要重新开始。他重拾画笔，重新去学法语，他要靠自己的能量去过上自己想要的生活。没有觉醒，没有积累，这是任何人都无法挑战的命运改变。

后来看三毛的书，她所有的书我都看过，不止一遍。她对宿命也有某种恐惧，而后做得最多的是追随命运的指引，去流浪，去爱荷西，去写作。她走在沙漠中，用一颗善良的心去描写偏远部落的生活。沙漠里的人们不识字，女人们生病不去医院，医院里的医生都是男人，沙漠里的婚礼残忍而奢侈。她甚至带着荷西冒险去了西属撒哈拉西岸的海边，看那里的女人是如何灌肠，看几年才洗一次澡的女人如何用石块刮下身上的泥垢。

三毛说，飞蛾扑火的时候，一定是快乐与幸福的。

这句话用来形容她的生活、写作、经历，再恰当不过。

在尤今的笔下，我们看到的沙漠是美丽，是和平，但在三毛笔下，我们看到的是丑陋、狭隘、封闭，她拼尽全力也想打开沙漠的大门，为那里的女人和孩子送去光芒。我不知道她在写这些文字时的心情是快乐，是好奇，还是悲伤或遗憾，但认真经历，并把它以文字的方式记录下来，已是她能给予生活的最好礼物。

写作，流浪，折腾，改变，看似无法交集的生活状态，被连在了一起，成为许多作者的必经之路。我们只看到了这些作家的终点，却没有去看他们一路走来都有过怎样的惊心动魄。

我们羡慕他们的生活，惊叹他们的所思所感，他们冲破了生活的枷锁，终于得到了自己想要的自由。这自由得来不易。

若问，你愿意拿全部安稳的生活去换这种自由吗？

相信很多人都会摇头，包括那个前来要拜我为师学习写作的女老师，也是拼命摇头："那不行，我不能牺牲自己全部的生活。"

之前有一个画家曾对我说，他的梦想就是画很多画，其他并无所求，他的前两次画展都失败了。于是，举行第三次画展时，他对我说，如果失败，他将离开北京，再也不画画了。没想到，这一次，他还是失败了。他真的离开了北京，回到了东北老家，再也不画画了。

他对自己的天赋深信不疑，只是受了一点挫折，却放弃了全部的梦想。

我们很多人都是如此，时常觉得自己怀才不遇，却又不能为梦想放弃什么，又去坚持什么。

命运给予我们的启示并不多，仔细想来，那次为我预测未来的师父，也只是说了一个大概的方向，对任何人都适用的方向。

命运可能会欺负任何一个向它挑战的人，因为命运没有写在我们的掌纹里，它写在我们的选择里，写在每一次挫败中，写在你想要的生活里。

我假装无情，其实是因为深情

1

电影《摔跤吧！爸爸》大火，很多人从这部电影中读出爱，读出霸道，我却读出了让人自律的爱。这种爱是沉默的、严肃的，甚至是无趣的。但没有它的陪伴，我们永远找不到自己，甚至会丢掉自己。

电影中有几个情节：爸爸逼着妈妈给女儿剪掉头发，女儿落泪，爸爸毫无表情；爸爸逼着女儿凌晨起来去跑步，逼着女儿像男人一样成长，逼着女儿去做她们不愿意做的选择，逼着女儿去接受自己对摔跤的理解……她们一开始是抗拒的，用眼泪和计策来反抗他。他不闻不问，依然每天凌晨赶她们起来去跑步，亲手做鸡肉给她们补充营养。

她们一天天长大，去参加各种摔跤比赛，赢了许多次。

她们越来越强大，接受人群的欣赏、鼓掌、赞美，被推为榜样，直到她们拿到世界冠军。

站在领奖台上，她们非常感谢父亲，因为她们终于认识到，父亲做的决定都是正确的，他看似逼迫的行为其实都是出于爱。

她们给一个女孩做伴娘，新娘告诉她们："你们的父亲是好的，毕竟他会为你们着想，不像我的父亲，什么都不管，所以我才早早嫁人，过上了以后无法改变的生活。你们的父亲逼着你们去学习，其实就是希望你们以后可以选择自己的人生，你们应该感到庆幸。"

这段说的应该就是电影最想表达的"父爱"吧。从表面上看，她们的父亲很无情，可这无情背后却是父亲深深的爱。

一直以来我都觉得，女孩去练体育，对她们来说，是最辛苦的生活方式——这不是女孩该做的事情——尤其是漂亮的女孩。可看到电影中两个女儿越来越自信的模样，越来越好的状态，我感动至极，我想到了自己的爸爸。

2

从小爸爸就对我很严厉。那时我爱看电视剧，他却逼着我学习，只要我不学习，爸爸就会训我："你为什么不写作业？你现在不写作业，考不上好的大学，以后就只能待在这个小镇了。"

"可这个小镇没有什么不好。"我赌气道。

"可我得带着你去外面的世界看一看。"爸爸说。

我只当这是他的一句戏言，他却真的在周末带我去了北京，去了姑姑家。姑姑家距离中央美术学院很近，所以我来到北京后，去的第一所高校就是"央美"。

看着学校画室里那些颜料、画板，我对爸爸说："我想画画。"

我一直记得有个亲戚说："女孩，上个职业高中，当个护士就够了，你还真打算让她读大学？什么，还学画画？贵，咱学不起的！"

可是，我的爸爸却真的把我送到了中央美术学院学画画——每个寒暑假。

其实也有离家更近的地方可以学画画，比如菏泽或济南。

爸爸却说："可能在北京她会学得更好一些，女孩子也要见世面。"

我一个假期的学费是别人的三倍，妈妈心疼钱，爸爸却说："这钱又不是浪费，你心疼什么？"

亲戚们听了，都连连摇头，觉得我们不切实际，他们认为画画、音乐，都是有钱人家做的事情，劝我的爸爸不要执迷不悟。爸爸却不闻不顾，他觉得学画画可以让女孩变得出色，我清楚地记得他曾说过："她不可能一直留在这个小镇，她要走出去啊！"

走出去的方式有许多种，我们却选择了最难的那条路。

记得那年冬天，爸爸把我送到了中央美术学院，他说："以后你就在这里过你的寒暑假了。"

我那时并没有真正爱上画画，我只是想摆脱家，所以我来到学校后内心满是沮丧。

幸好我最后真的爱上了画画，所以并没有觉得这段求学经历是折磨。

我在北京学绘画的时候，同学们的父母会经常来看望他们，我的爸爸却一次都没有来过。我知道他为了给我报班，花费太多。每次回家，爸爸都很少过问我在北京的生活，但他每次都会认真地看我画的画，虽然他看不懂，但也会提出自己的意见。

一路走来，我真的吃了很多苦，但我相信爸爸吃的苦更多。

前段时间，我被邀请去母校演讲，爸爸就坐在台下听我演讲。这本来只是一次平常的演讲活动，他听着却热泪盈眶："我的女儿真是了不起！"我被他感动，心里想到的却是多年来他对我不停重复的那句话："你要好好读书啊，才能读好的大学。"

前段时间有一个很热门的视频，一位高考状元说，现在的高考状元都是中产阶级家庭出身，可能普通的学生努力到顶端的天花板，只是这些孩子的起点。但对当时的我来说，读书的确能改变我的命运，让我有不同的活法。

好像我每次回到家，爸爸都是在拖地，一直拖地。他说："一定要把地拖干净，从外面带来的脚印都是疲惫的，家里一定要温暖。"之前我对他这个行为嗤之以鼻，可后来我一个人住，也喜欢上了拖地。

我经常想起他的那些话，简单而有道理。

他向来沉默，不喜倾诉，很多话都藏在了心里。他生病了，

打点滴，连续两个星期，却没有对我说。直到他身体好了，妈妈
才告诉了我。

他一生严肃，看似无情，内心却满是温情。

3

朋友艾铭说，她老公可能不是很爱她。她喜欢吃的东西，他
却不让她吃。

我问："都是什么食物呢？"

她回答说："比如烧烤啊、麻辣烫啊……"

除此，他也不允许爱美的艾铭去整容，去美容院往脸上打玻
尿酸。为此，他还特地给艾铭打印了一则新闻：韩国女明星韩慧
静整容，活生生从一个大美女整成了"电风扇"。爱美的韩慧静
整容上瘾，医生拒绝再为她整容，她就自己往脸上注射从黑市买
来的硅胶，甚至自行注射食用油，导致毁容。她的头很大，毁容
后人们称她为"电风扇阿姨"。

艾铭说，这男人太无情了，何必要拿出如此骇人的事实来吓
唬自己呢。她无法忍受他的大惊小怪、他对她的约束和莫名占有。

她最终选择了离开他。

新男友给了她自由。她终于不再像之前那么拘束，她自由地
吃，不再运动，不再像之前那么小心翼翼……直到有一天，她站
在镜子前，发现自己臃肿不堪。

少了他的约束，她没有了自律。少了他看似无情的爱，她多了许多负累。她没有获得自由，也没有因此活得更好，这才是最可怕的。自由的温床，可能会毁掉一段情，一个人。

有的爱看起来，像是不爱，是疏远，是无情；

有的爱看起来，像是深情，是体贴，是温柔。

可能最重要的还是，用我们的心去感受对方的心意。

当你最爱的人无端对你发火，拒绝你，甚至辱骂你时，你一定要想清楚自己是不是也有问题。言语不是全部，人被激怒时的言辞，可能只是情绪的一次发泄。

我看似无情地约束你，可能只是为了让你变得更好，假装无情，却是深情。

辛苦的每一分钟都有用

1

这个世界上最神秘的就是数字。你所有的努力，在一个城市里的生活，相爱的时间，哭泣的瞬间，你想到达的远方，似乎都可以用数字来纪念。

我最敬畏的也是数字。

茱萸说，她和妹妹是靠妈妈包水饺养大的。

"我的妈妈很能干，每天能包六千个水饺，六千个水饺，你想想是什么概念。"茱萸停顿了一下。

是啊，阿姨真的很能干，仔细想来，给我五分钟，我都不一定能包好一个水饺。除了熟能生巧之外，没有一定的毅力，恐怕真的很难坚持。

我也见过茱萸的妈妈。记得那是一个晚上，她回到家，神色非常疲惫，但依然热情地跟我打招呼，满脸笑意。随后，她回到房间里，躺在床上，我帮茱萸接了一盆水，端到她面前。孝顺的茱萸每天都要端热水给妈妈泡手，茱萸的妈妈转过身，看到我："怎么好意思让你帮我，那怎么行呢？"

我看到她的手，那双小巧的双手，白嫩柔软，可手指粗大，好像有一种怎么也无法消掉的肿胀。我再看她的双眼，依然清澈、善良。她温柔地和女儿交流，虽然她疲惫至极，但她们依然说了许多许多。言笑之后，她躺下了，很快就睡着了。

"我妈妈太累了，她坐车总是不小心就睡着了。"

"我妈妈是个了不起的女人，她说以后她会开一家很棒的饺子店。"

不知为何，我总会记起茱萸妈妈的双手，和那张满是笑意的脸。或许她的生活一直不尽如人意，我们却从未听到过她的叹息。每天重复着一个动作，包六千个水饺，若无毅力和坚持，怎么可能做到？

而多年后，茱萸的妈妈也真的开了一家水饺店，不到三年，又迅速开了其他分店。我每次路过，都会进去品尝一碗，感受一个女人的骨气与温柔。

2

数字真的很神奇，我一直迷恋数字的累积：比如一万个小时的成全；比如每天凌晨五点起来做自己喜欢做的事情；比如科比四点半起床投篮，不投一千个球，绝不罢休；比如我遇见的那个作者，一开始写网络小说，每天要写八千字，就这样坚持了五年，每天都在构思，每天都在写。

她说："现在不行了，我现在有点懒了，每天只能写两三千字。但之前我每天真的都会写五千到八千字。记得那时爸爸生病了，我又没有妈，没有人可以帮我。我特别需要钱，但赚钱不多，唯有不停地写作，觉得那是自己内心的出口，也是一种解脱。"

写过那几年，她早已成为优秀的作者，出版了很多小说，加入了作家协会。写作带给她很多意想不到的美好。她说，这一切都源自最初那几年每天写几千字的功劳。她说那段时间，她特意请假。每天早晨去医院照顾她的爸爸，下午会在白纸上构思，黄昏时开始动笔，晚上很投入，写得昏天黑地。当然，也有写不下去的时候，也有悲伤沮丧，也会自怨自艾，但平静一下，还是要继续写。

我现在经常还看到她在深夜发朋友圈，她说："我被困在了这个故事情节中。""主角的亲生母亲是不是要露面了？"

她实在是太投入了，常常因为一个角色、一段场景而无法入眠。

她亲身体验了"一万小时定律"，每写一个小时就在本子上记录一下，到最后，她真的写了一万个小时。在这一万个小时里，她收获了很多，有了许多改变。最初的她不过是一个小白写手，此时的她却是畅销书作家，她已经写了三本书。

别人问她："你是如何写作的呢？"

她把自己的笔记本拍了几页照片，说道："可能我是用了最笨的方式去写作吧！"

看着那些照片，看着她用一个个字记录着她一路走来的辛苦，会有一种时光穿梭的感觉。一万个小时，也就是四百一十多天，一年多的时间。长期坚持去做一件事，总会有不同，总会有收获。

所谓的作者拼天赋、才华，可能最终拼的是对时间的守约。每一分钟，每一个小时，每一天，你能不能如约去做一件事，全身心地投入，毫无理由地去热爱？

写作这条路实在太辛苦了，要一个字一个字地敲下，然后一个故事一个故事地删掉。你辛辛苦苦地建立了一个城堡，它却可能在一秒内就倒塌了。我佩服那些写很久，甚至写到老的人。

唐家三少曾写过一篇文章《我成功是因为我每天只做一件事》，说他从 2004 年 2 月开始写网络小说，写到现在早已写了一百六十多本书，连续一百三十个月每天连载，共计四千万字。能完成这个数字的积累，除了坚持，还有热爱。

3

我特别喜欢叶嘉莹先生，她所有的书我都看过，她笔下的文字透露着一股灵气。在豆瓣上听叶嘉莹先生的讲座，这时她已经九十多岁了，她说这一生大部分时间都交给了古诗词，她会坚持到最后去推广吟唱古诗词的方法。随后，她读了一段古诗词《在水一方》，并去吟唱。听着她沧桑而清澈的吟唱声，那一刻，我落泪了。

一位九十多岁的老人，在平平仄仄中，吟唱的不仅是古诗词，还有她这一生的体会。在她坚持的同时，一些人坚持不了离开了，一些人觉得太辛苦了，一些人认为人应该安享晚年。唯有这样一位九十多岁的老人，还在四处讲学，为吟唱古诗词奔走。若时间是一条长河，她不应被淹没，因为她是明珠，是灿烂，是人间难见的清欢。

叶嘉莹先生清音平缓："很多人问我学诗词有什么用，这的确不像经商炒股，能直接看到结果。钟嵘在《诗品》序言中说，'气之动物，物之感人，故摇荡性情，形诸舞咏。'人心有所感才写诗。"

吟唱古诗词，别人只是说一说，唱一唱，便离开了，唯有叶嘉莹执着一生。属于她的遗憾都过去了，她的气韵犹在这吟唱中悠荡。

村上春树在《我的职业是小说家》中说："我对那些长年累月孜孜不倦地坚持写小说的作家，也就是我的同行，一律满怀敬意。这些人作为职业小说家活跃二三十年，或者是存活下来，除了拥有一定数量的读者，身上必定具备小说家优秀而坚实的内核。

那是非写小说不可的内在驱力，以及支撑长期孤独劳作的强韧忍耐力。"

最后这一句，"孤独劳作的强韧忍耐力"，道尽了一切辛苦和坚持的意义。

辛苦的每一分钟都有用。每一秒钟，每一个刚包好的水饺，每一个刚敲下的字，都像是数字的纪念。数字用它的姿态衡量了我们的一生，包括梦想。

所有的一切都有用。已经存在的，已经逝去的，都在眼前，都在耳畔。

我很穷，还有资格学艺术吗

1

一个女读者哭着对我说："我家境不好，但我很想学钢琴。我现在大三，我去当家教，攒钱报了钢琴班。弹琴回来，却被同学们嘲笑。她们笑我不可能学会钢琴，笑我穷。"

听完女孩的话，我沉默了很久。

突然想起另外一个女孩的求救："我有三个室友，她们三个关系很好，有意地孤立我。我每天都上晚自习，从不逃课。这居然成为她们嘲笑我的理由，她们说我傻、笨、跟不上时代。我兼职去发传单，她们笑我穷疯了。我是应该放下自己的一切，试着去融入她们，和她们做朋友，还是应该孤立自己？"

可能是因为还太年轻吧，她们倾诉的语气里满是委屈，却没有责怪其他人。一些事情，明明是我们做对了，为什么还要忐忑地来寻求其他人的支持呢？

除了从众心理，我觉得大概是因为人人都需要陪伴吧。

对于那些特意孤立她们的女孩，那些嘲笑她们的女孩，我深表同情。在别人努力变好的路上，她们没有加入其中。法国作家加缪说过一段话："我们很难信任比我们好的人，这可太真实了。我们宁愿避免与他们往来。相反，最为经常的是，我们会对和我们相似的或者和我们有着共同弱点的人吐露心迹。因为我们并不希望改掉我们的弱点，也不希望变得更好。我们只是期待受到怜悯和鼓励。"

在成长的路上，努力变成更好的自己并不容易，因为我们要不停地认识自己，找到榜样，找到自己想要的生活方式。然后，还要为之付出踏实的努力。

可能一路满是障碍：被人嫉妒，被人伤害，被人侮辱……但这些都不要紧，因为你有权追求自己想要的生活，努力变成自己想要成为的那个人。

第一个女孩啊，你想要去学钢琴就去学吧。这个世界上最难得的就是拥有一颗热爱艺术的心，艺术是美，是光亮，是喜悦，你愿意靠近，愿意花费力气去学习，这是多么难得，说明你的内心是向往美好的。

除此，靠自己的双手去赚钱，这钱虽然不容易，但想到它可以为自己的心愿买单，这是一件多么值得庆祝的事。虽然你现在经济窘迫，但相信我，你不会一直如此。村上春树在最初写作的时候，也穷过。一次，他与妻子还不上银行的钱，幸运地在路边捡到了一笔钱，两个人如获至宝，赶紧跑到银行，才逃过被追债这一难。穷，并不可怕，可怕的是，我们眼睁睁地看着自己穷，而不去改变这种状态。在那么艰难的情况下，村上春树一直坚持写作，坚持开冷僻的古典音乐音乐馆。在他坚持的过程中，无数人劝他放弃手下的笔。为了逃避那些熟人，他特意到了异国他乡去写作。是为了灵感，是为了骄傲，更为了不从众。

2

有一个女孩汪化特别喜欢绘画，十五岁她就跑出来打工，为了学画画，她特意到中央美术学院的食堂工作。每当食堂下班，她都会擦干净油腻的饭桌，铺开画卷，这是她一天中最有仪式感的时候。"画画就像我的救命稻草，我只要抱着它，运气就会来。"她画了一幅三十米的画卷，足足画了五年，北京时代美术馆花了十五万买下她的画。她已经成功了，她还会坚持画下去。

一路走到现在，她会在意别人怎么看她吗？

此时的你那么年轻，喜欢钢琴，能接触到钢琴，真的是一件值得庆幸的事。

我也喜欢钢琴，可我直到而立之年才有勇气去学钢琴。之前的我特别纠结，一直自卑年龄，自卑基础。可我走到琴房才发现，这里坐着很多老人，他们比年轻人勤奋得多，学起琴来更是风雨无阻，日日签到。我一直在假设，若他们回到年轻时，也有这样的机会去学钢琴，会在意他人的目光吗？当然不会。

看着他们弹琴的瞬间，我的自卑、我的年龄、我的贫穷，不翼而飞。

在音乐和艺术面前，只有热爱，并无其他。

我跟着老师学习，他教得很认真，同样，他也只喜欢认真的学生。

虽然我的工作经常出差，但只要一有时间我就会去学钢琴。若最初，我感受到的只是感动，后来我最多的感触，却是莫名的鼓舞。我的双脚踏进琴房，犹如踏进温暖的河流。我好像一直奔跑在其中，这里有阳光、水流、鼓励、友谊。

都说钢琴是枯燥的，我却在这里感受到了另一种惬意人生，这是任何金钱都买不到的人生体验。你的室友或朋友没有沉迷其中，自然不知妙趣。而你若沉迷其中，自然也不会计较身边的声音。要记住，在我们成长的路上，不要在意别人怎么说，更重要的事情是你会怎么做。被他人干扰的人生毫无乐趣可言，满是纠结与伤害，而真正的勇敢是直视可恶的声音，不去计较他人的言论。

第二个女孩的问题，让我想起自己的大学时光，我不禁为那时的自己着急。若让我再回到大学，我一定像你一样，远离吃喝玩乐的大学同学，靠近努力学习的有志之士。

很多人都以为文凭是敲门砖，事实上，并不是。

这让我想到一个故事。

一个老人见一个小男孩很可爱，想把自己钓的鱼都送给他。小男孩摇摇头拒绝了："我想要你手中的钓鱼竿。鱼很快就会被我吃光，可是拥有了钓鱼竿，我可以一辈子钓鱼，吃不完。"

老人犹豫了一下，还是把钓鱼竿送给了他。小男孩拿起钓鱼竿，在池边坐了一天，却没有钓到鱼。于是他怒气冲冲地把钓鱼竿丢到水中。

这个小男孩永远不会明白，最重要的不是你拥有了钓鱼竿，而是你拥有了钓鱼的本领。

他也很像现实中的我们，自以为懂得了很多道理，却过不好这一生。自以为拥有一个很好的文凭，却不知道最重要的其实是自己的技能。一旦在生活中碰壁，只会牢骚满腹，无比愤怒；看到其他坐在池边钓鱼的人，只会笑他们傻，嫉妒他们钓上的鱼，却从不肯苦练技能，学会钓鱼。

在我看来，你的三个室友真的只是嫉妒你。

嫉妒你可以每天安静地去上晚自习，嫉妒你不计较辛苦，努力地工作。毕竟学习需要毅力，打工可以锻炼自己，学习和赚钱的能力还是非常重要的。我一直认为人生有三个境界，那就是健康、平静、快乐。快乐为大。但快乐的基础一定是有出色的学习能力和赚钱能力。

3

珠珠是一个交友达人，我们一起接了一个书稿来写。

恰好那个月她辞职了，她一直在与朋友会面，我一直在写作，白天看书，晚上写稿，一个字一个字地敲下，每天都要熬到凌晨。

她开导我说，人生最重要的其实是快乐。

我也知道是快乐。

可是我们想要的快乐不一样。我想要的快乐是踏实的，是努力之后的会心一笑。而不是很多疯狂的年轻朋友，一直只是快乐地相聚、玩耍，从不追求进步。这样的生活太危险，不要也罢。

几个月下来，我完成了书稿，她还没有开始写，她笑着说是拖延症。

两年之后，我出版了几本书，她的第一本书稿还没有完成，她告诉我说，辛苦地码字不如去外面的世界看看。她去了很多地方，看了很多风景，却依然没有写出任何作品。

可能她得到了很多我没有感受过的快乐，可我拥有的踏实感肯定也是她羡慕的。每次回忆往日时光，我都想拥抱一下那个在深夜里坚持读书写作的自己，这也是一种快乐。唯有努力之后才能体会到的感觉，它和那种与朋友们一起疯玩的傻乐是不同的。因为它可以很长久，且带给人满足感。

你的室友可能因为共同的爱好、相似的家庭背景聚集到了一起，而你被排斥在外。可是没有关系，人生很长，说不准到了某个人生阶段，她们最需要的人其实是你这样的。你耐心地努力，并去等待吧。相信我，会有这一天。

我们此时所有的努力，所有的汗水，并不是为了给谁看，而**是为了有一天，能够快乐地与过去的自己相拥，并感谢曾经的自己那么努力**。除此，并无其他。

在这路上，谁伤害你、诋毁你，让你流泪，都已不再重要。最重要的是，你有没有能力让自己重拾笑容。

我不怕穷，只怕失去底气

去一个大学做分享会，一个女孩问了我一个问题："老师，现在畅销书作家很多，与一些作家相比，你是不是觉得自己缺少了很多东西，比如他们毕业于名校，这些都是你无法逾越的。那你努力的意义是什么？怎么超越他们？"

女孩一口气说了很多。

我大概能明白她的意思，她想问的是，作家这条路不好走，比我有才华的作者比比皆是，他们毕业于名校，生得漂亮。即使我拼了命，可能也无法抵达他们的高度。未来可能会让我伤心，不如我意，我努力的意义又是什么？

可能一个不太恰当的故事可以回答这个问题。

看过一个作者写的故事。一个渔夫坐在沙滩上晒太阳，他看到一个富翁，笑了笑，说："你那么拼命，原来只是来到这里跟我一起晒太阳，享受这里的海风。"富翁笑了笑："你看到的只是我生活的一个片段，而这却是你生活的全部。"

渔夫无言以对。

我想，自己努力的全部，其实只是想自己可以像这个富翁一样，体会百态人生，选择自己最舒服的状态去享受生活。渔夫肯定没有遭受过富翁的人生之苦，但富翁却可以享受渔夫的人生之乐。除此，他不仅可以享受这种乐趣，他还可以换一种姿态去享受另外的生活，而这些都是渔夫无法想象的。

只有一个人像喜欢甜一样去喜欢苦，吃尽苦头，他才能逆流而上，随时转变人生的航道。若没有苦，便没有乐，没有辛苦到极致，便没有享乐到舒服的感受。可能只能像渔夫一样，一生走在海滩，永远不知道外面的世界有多精彩。

我们努力的意义，除了赢得尊重，赢得自由，赢得选择之外，最重要的一点是，去看外面的世界，去走更远的路，只有一个人去过远方，走过很多路，他才知道哪里是远方。

我只知道，不管我们拥有什么，都要不停地去努力，去赚取。**年轻的时候，不前进就是后退。我们无法决定出身，无法决定先天的一些条件，可坐以待毙的姿态，只能杀死我们的明天。**

突然想起一个曾经追求过我的富二代。他不满意我整日工作、写作，怨我没有娱乐。他说："我觉得你不会生活，你要学会享受生活。"

可能有一个悲惨的现实是，有些美好的东西，富裕了不一定得到，穷困却一定会不断地失去。穷，会让我们的善良也失去底气。穷困最大的痛苦是根本没有选择要或不要的权利，只有接受。而我不想要这种接受，所以只能奋起。

我和他唯一的相同点是我们都年轻，拥有共同的时间。

我们的不同点太多了。他站在一个我可望而不可即的阶层，他想休息，想创业，想旅行，想去做任何事，甚至他的梦想都有人埋单。而我不同，我想休息，想实现梦想，想出去看看，都要自己先来辛苦地埋单之后，才可以拥有那些权利和自由。但我以此为荣，毕竟这一切都是靠我辛苦所得，我值得拥有更好的自己，以及更好的人生。我珍惜眼前的一切，因为得来不易。我从不挥霍拥有的一切，因为我知道人生很难，也很苦，尽全力去帮助他人，远远比自己享受这一切重要得多。

我见过边疆守卫人思念家人的眼泪，见过宁夏那些从未读过经典文学的孩子，见过深圳街头孤独的流浪者，见过打算在寺院中修行到老的修行者，见过有趣的人奔跑在麦田中，见过善良的孩子给陌生人拥抱……

我生活的全部意义就是要把这些写下来。

可能我出生卑微，可能我此时受穷，可能我毕业的不是名校，可这些无法成为困住我前进的理由。我喜欢有期待的生活，然后一点点去实现梦想的感觉。每次去寺院，都能看到很多鸟，飞散在寺院里，香火顺着气流，也消散在了空中。前来祈祷的人络绎不绝，他们手中拿着清香、心中带着期待的样子，真的很好看。

而我所有的期待，我付出所有的努力，不过是为了完成普通人的生活。我不期待与任何人比较，我知道自己赢不了任何人，赢得自己就足够了。

我和一个创业者约在一起聊天，他给我讲了他创业的故事。他从研究生毕业后，就没有上过班，一直在创业。几年时间，换了很多方向，却从未成功过。感谢他的女朋友，一个陈列设计师，一直在努力工作，一直在帮助他养家糊口，并期待他能创业成功。

他对我说，你不要再写作了，你应该去创业。当作者没什么了不起，有一天，我在地铁看到一个非常著名的作者，我跟着她走了很远，发现真的是她，于是我很失望。从那以后，我就觉得作者太苦了，还是去创业、去赚钱更爽。

每个人想要的东西是不一样的，有人期待名扬四海，有人期待迅速致富，而且时间越短越好。千万不要让他们等待，千万不要磨炼他们的意志，因为这样的人一般会很脆弱，很容易被击倒。

因为他们不知道，做人最重要的其实是底气。要获得底气很难，不仅要求你努力超越自己，还要求你有胸怀，有骨气，有格调。没有知识的积累，不去看遍风景，不阅人无数，不去体会普通人的生活，不去感受卑微者的心态，不吃尽苦头，可能永远无法拥有胸怀、骨气、格调。

我敢断言他创业一定不会成功，因为短短几年内，他转换的人生方向太多，而且底气不足。底气不足的人，不会明白"心苦过，方知众生苦"的豁达，不会拥有"有过执着放下执着，有过牵挂了无牵挂"的境界，虽然他创业很多，其实是没有任何经历的。经历是在苦难时，依然去享受苦，而不是放弃，不是任由自己挥霍。

当一个人知道自己为什么而活，他就可以忍受任何一种生活。我可以辛苦，可以贫穷，可以一无所有，但我一定要有底气，要有胸怀，要有骨气，要有格调，而这也是我努力的全部意义。

愿你坚持，更愿你快乐

1

今天我被一个出版社邀请去北京展览馆做一次活动，讲完课，已经是傍晚。恰是雨过天晴的夏天，展览馆特别干净、清爽。我走在其中，想到我第一次来北京展览馆时的光景。

那是五年前的秋天，我一个学长的画在这里展览，那时，他已小有名气，从中央美术学院毕业后，回到了广东，是广东美术协会的画家。我真的很羡慕他，如此年轻，他的画就已被人认可和推崇。

随同他来的还有一个画家，他画油画，画水的动态。那时的他特别忧伤，他说这次画水的原因是他失恋了，女友去海外留学。他画了许多水的动态，来表达自己流动的悲伤。女友离开时，曾恨铁不成钢地说过一句话："我在你身上看不到什么希望，你整日沉迷于绘画，沉迷于游戏，可曾想过未来，我们拿什么结婚？"

女友经常说分手，他并没有当真。那次，她辱骂了他一顿。他想等她气消了，就去找她和解，却未曾想到，女友真的走了，而且走远了，去了异国他乡。

他痛定思痛，把所有的悲伤和等待，都画在了自己的画中。他的眼泪滴在画画的颜料里，他的心碎在笔端。他卸载了手机里所有的游戏，每天都要画十多个小时，他并不是想成名来反讥女友，也不想一举洗掉她留给他的耻辱。他的确太痛苦了，画画是他唯一疏通自我的方式。

他不知画了多久，直到我的学长推门而入，被他的画震惊了。他笔下的水就是痛苦，像记忆那般绵长。他还念着她，她却已离去，或许已有了新的生活，或许早已将他忘记。

经过学长的推荐，这次展览他的画也被展出。我看到，他的眼神还是那么忧伤。或许每个人心中都有一个无法忘记的人。

我记得自己曾问学长和他，画画中最重要的是什么。学长回答，静下心来。那个男孩说，反思自我。

我当时的理解是，我们努力让自己变得更好，一开始只是想满足所爱的人的心愿，随着行走，最初的愿景却已改变，我们成了自己想成为的人，但已不再是为了某个人。

可如今，我却有了不同的理解。反思的过程，才是成长的过程。

2

五年前的我，看着他们的画在北京展览馆展出，内心满是羡慕。这对我来说，是可望而不可即的遥远。我曾那么想，不管我如何努力，可能我的作品都无法被放在这画展中吧。那时的我不过二十几岁，还没有认识到时光珍贵，只愿活在自己的小世界里迷茫。每次遇到打击，想得最多的不是如何充实自我，而是如何还击；每次遇见嘲笑，想得最多的不是如何走过困难，而会缩在小角落里暗自疗伤，不闻世事，觉得自己和世界很远，也无法融入身边的任何朋友圈。

二十多岁的时候，我看上去温顺而乖巧，虽不会年少轻狂，但还是过于固执。

那时热衷于看成功类书籍和名人自传，自以为明白了许多道理，却不肯迈出任何一步。失恋了，沉浸在自己的世界里，自顾自地痛苦着；做错了事情，虽然也会及时道歉，内心却觉得自己是没有问题的，如果有错，也定是他人的错；看到名人自传中的励志故事，却只能自怨自艾，觉得自己缺少的是机会，而不是才华的沉淀。

如今想想那时的自己，心里满是羞愧。我们总是羡慕他人，却不愿努力改变自己，总是迷茫，又不愿打开心扉，去跟比自己更好的人、更有企图心的人做朋友。那时的自己太不沉稳，不相信努力，也不愿沉淀，过于浮躁。

幸好我的第一份工作是配饰设计师，两位老总都是清华大学毕业的学生，他们不仅优秀，还有远见，我身边的同事更是温和、谦逊，很有野心。我在他们身上学到了踏实、努力，懂得了每个人都有自己的价值。

只是那时的我太自卑了，从不愿走出自己的世界，也从未参与过他们组织的活动。他们那时会一起去各地旅行，会聚餐，会一起去学习某项技能，但我都没有参与过，如今想来，满心遗憾。

那时除了看书，看大量的书，画大量的底稿，生活中便无其他。幸运的是，自己可以安静下来做很多力所能及的事情。

而后辞职，来到了杂志社做编辑和演讲师。虽然性格中仍存在很多问题，但当时已懂得反思。我每天都会记下自己的问题，严格规定一个月内要改掉的缺陷和要达成的目标。包括体重、说话的语气、性格中的悲观和不自信，对人的冷漠和不友善，以上种种，都被我记下来。我要改变自己，改变就是重塑的过程。让自己的性情变得更好，其辛苦程度与减肥无异。若减肥只是肉体之苦，改变性格便是打开精神之枷锁。

从下定决心改变自己，到现在已有四年光景。四年来，我有许多收获。我接纳了不完美的自己，可以原谅自己过去的鲁莽，性情也变得越来越温柔。

3

今天，我也终于站在自己以为不可能站立的舞台，我就站在这展览馆讲课。

怀念从前的时光，学长的画，他那个朋友的画。学长说，一定要静心；那个朋友说，一定要反思自我。还有以前那些同事好学的姿态，无不影响着我，激励着我。

有很多凌晨起来赶车的时刻，讲课时，突然胃绞痛，但冒着汗也要讲下去；有许多在飞机上写作的时刻，到了宾馆，继续熬夜写作，睡不到三个小时，第二天又要坐车去乡镇里讲课；有许多在雨中奔跑的时刻，无比痛苦，根本放不下一个人，却没有能力跟他去国外生活，也无力挽留他；有许多坚持的时刻，仿佛下一秒就站不住，但吃一块巧克力后，还是穿着高跟鞋站着讲了一个下午……

如此多的尴尬时刻，都被我走过了；如此多的难以坚持的时刻，我还是坚持着走了下来。

如今所获得的一切，都是熬出来的，一个"熬"字，道尽我的艰辛。

辛苦的每一步都算数，每条路，每一种生活，都有坎坷，都有艰辛，都有迷茫，都有纠结，都要和痛苦撕扯，都要迎难而上去努力。

愿你坚持，更希望你快乐。

那个尊重我的人，谢谢你

1

参加过一次聚会。

我们都在下面认真倾听一位老先生的汇报。先生年过七十，经历丰富，曾跑到美国攻读神学的博士学位。令人尊敬、佩服。他讲年轻时的迷茫，说人只要努力生活，就会有迷茫。迷茫不见得是坏事，是眼前的路即将清晰的预兆。他讲人生的哲理，说心安即是归处。他讲爱情，是随遇而安的忠守。

很多人听得很认真。哪里会想到两三个小学弟听着听着，翻出手机来，打游戏、聊天或窃窃私语。他们越说越兴奋，声音越来越大，完全不顾身边其他人。

大家只好悄悄地提醒他们。没想到，其中一个学弟忽地站起来，离开了聚会的场地，气氛有些尴尬。幸好老校友不计较，他继续讲自己的经历，我却感慨颇多。我们年轻又任性，做事情时鲁莽又冲动，不计后果，更不懂得如何尊重他人。别人在台上讲话，他们在下面看手机、聊天或打游戏。但若叫他们的名字，让他们说几句话，他们反而会很沉默，然后气愤或默默地离开。

我真心为他们遗憾，错过了老先生如此精彩的故事、如此丰富的经历。他的这些知识、所得、所见，可能是我们上下求索几十年都未必能求得的。

我们都期待可以做一个牛气闪闪的人，未来一定要闪闪发光。但谈起规划，以及应对未来的能力，却没有清晰的规划。所以在抬头之前，一定要先低下头来，学会倾听。

一个人心中有光，才能感应到世界的光芒，照亮眼前黑暗的路，才可能为他人指路。一个人肯低头学知识，跟着人学见识，有一颗谦卑的心，他以后才可能抬头做人，挺胸做事。

2

一次，我们去制片方观影，大家都是媒体人，本应尊重电影制片方和电影演员。那个时段，恰好其中一个演员的负面新闻比较多，所以观影过程中，每当出现他的画面时，都会出现一阵骚动或笑谈。只有一个年纪很大的影评人一直安安静静地坐着，他看到最后，也最后一个离场。

结束时，制片方让大家谈谈感受，那些骚动或笑谈的人都沉默下来，只有那位长者侃侃而谈自己的想法，提出了一些中肯的建议。

这样的真男人，真是让人刮目相看。我也从他身上学到了一种处世的态度，那就是不管任何场合都要尊重别人。学会适时闭嘴，止步，不要事事都站在前端，却在最关键时刻一言不发。

从此之后，再去观影、听课或听他人说话，我都会用心倾听。

因为我知道，这个世界所有人都在说，却没有人会认真听。

懂得尊重别人，愿意倾听别人说话，是一个人的修为。我要做这样的人，安安静静，不卑不亢，从容得体，我不要急躁不安，浑身是刺，且四处碰撞，那样的话，可能会伤到别人，但最终还是会害了我们自己。

我不喜欢四处挑事的人，不喜欢莽撞的人，也不愿意和那种一言不合就发火的人做朋友。我知道一个人最大的修为就是懂得尊重他人，不仅如此，他还要知道用怎样的方式去尊重一个人。这也是我要学习一生的功课。

3

我和几个年轻的创业者聚餐，听他们聊天，不到几句，我便借故离开了。

一个男孩讲了一个很棒的创业者的故事，其他几个创业者一哄而上，把这个男孩和他口中所讲的创业者奚落一番，让男孩明白，只有跟着他们才能找到人生最正确的路，其他都是妄语。男孩似懂非懂，眼神中似乎还有怀疑，不一会儿就被其他人灌醉了，成了一群狂妄者中的一员。酒精麻醉了他的神经，也让他忘了最初的愿景。

一场荒唐的集体行为，那么轻易地否定一个刚刚抱着梦想上路的人，可能这就是一种不尊重吧。

在这个浮躁的世界，我们每天都在讨论怎样赚钱，怎样快速地赚到钱，这没有错。但可能每个人要走的路并不相同，所以，请允许别人有其他的赚钱方式，也请不要立刻否定一个人的想法。

我们都在慌张地表达，快速地说话，脾气很大，任性却又没有特别明确的立场，也学不会倾听其他人的见解，这样不仅可怕，还会让一个人越来越孤独。

我们拒绝和看似比自己愚蠢的人做朋友，甚至不愿和他们交流，我们只想与最聪明的人做事，得到自己最想要的东西。但大多数人都忽略了一件事，赢得信任，赢得交换，自我也应该有等量的价值。

一个读者给我留言，他说自己从不惧怕什么，因为他一个人生活就很酷，不需要工作，不需要养老，也没有想过结婚生子。他最不喜欢的几个词就是"梦想""努力""美好"等。当然，他也不相信这些词会真实地存在于自己身边。

其实我也不喜欢反反复复听这几个词，但我相信在我年轻时，这几个词可以让我成长。

如果我们都不再相信这个世界的美好，美好就不复存在。

我们都想成为牛气闪闪的人，成为比昨日更好的自己。

所以，现在活着的每一天，我只想成为那样的女孩，做好简单的生活日常，干净整洁，文雅社交。任何人都不可能一跃而上，做一件轰轰烈烈的大事。

只会大声喧哗，从不会安静地倾听他人的人，可能会被拒绝得更早，合作者会在你身上贴上一个标签：不靠谱。

原来不尊重别人就是一种不靠谱的合作方式。毕竟，我们都知道越是牛气的人，越是温柔，越是有悲悯之心，越懂得收敛和谦让。

所以，想成为很棒的人，就先去做好普通人。懂得普通的意义，做好大众的角色，再比其他人多做一点点牺牲，对别人多一些耐心和尊重，你才可能走得更远，成为你想成为的那个人。

第二章

你要不动声色地长大

当我们说，我需要什么样的条件才能去做一件事时，需要怎样的成功才能去爱一个人时，其实是一种借口，因为真正想去做的事，立刻就去做了。

可能我狼狈的时候，你恰好没有经过

1

上个星期，我们去看一场电影发布会，电影结束时，主演前来谢幕，和我们交流。能够零距离地和一个大明星接触，所有人都很兴奋，我也是她的"迷妹"，心情也很激动。

大家问了她许多问题，她回答得很精彩。这种精彩，不是说她的言辞多么漂亮，而是说那一刻她很真实。**在这个浮躁的世间，很多品质都很打动人，但唯独真诚，最能打动我。**

我记忆最深刻的是，一个人问她："真的很羡慕你，生了孩子，年过三十，依然像少女般美好。你那么喜欢笑，平日里是不是很乐观，你有伤心的时刻吗？"

这其实是个很好回答的问题，那位主演却沉默了许久，认真地回答道："我经常有伤心的时候，可能我哭的时候，恰好没有让人看到。我失恋的时候，我的亲人去世的时候，我生孩子的时候，我绝望的时候，很多很多时候，其实我也很无助。我能怎么做？不能向其他人哭诉，只能一个人流泪，然后擦干眼泪，我还要上战场。"

说完，她笑了。

会场鸦雀无声，而后所有人为她鼓起了掌。

在我们心中，似乎所有的大牌明星，都应该像广告牌里站立着的一个完美人设，他们长得漂亮，活得精彩，理应刀枪不入。可他们终究也是年轻人，或者说，在真实的生活中，他们不过是非常努力，又比普通人要幸运一些的年轻人。

"更多的情绪，被我藏起来了。"我一直记得主演说的那句话。一个"藏"字道尽了许多艰辛。命运又何曾放过他们？**这一生，我们仍有许多未知，仍有许多眼泪，仍要面对无常，仍要面对苦涩，仍有心酸阵阵，但我们无法躲，也不曾怕。**

我们只能一遍遍地安慰自己，鼓励自己，站起来，就像从不曾受过伤，往前走，即使暂时看不到光明。我们可能泪流满面，满心是伤，但我们内心有光，靠着这束光，就能走很远。

2

想起大学时一个艺术学院的领导，曾因公事被革职。据说，他曾跑到艺术学院大闹一场，令自己名誉扫地，被禁止继续教学。那件事闹得特别严重，似乎不到一个晚上，大家就知道了这件事，纷纷猜测其中的缘由。

他的太太是我们的美术老师，我们以为她可能会因此情绪低落，无法继续这个学期的课程了。出人意料的是，她依然衣着漂亮，微笑的脸上写满平静、自信，像什么都没有发生过一样。

我清楚地记得，在一次色彩心理课程上，她说，从一个人的画中就能看到这个人的内心世界。她要求每个学生都画一张自己的画。画画的过程中，我看到她也画了一张画——一个女人坐在云端，云在下雨，她把伞放在了一旁。

她真的很爱画雨，各种下雨的场景。然而，雨在画中是心事。

但她看上去那么明丽，穿着粉色高跟鞋，无法想象她满怀的悲伤，究竟为何。

毕业多年后，辗转反复，终于见得老师一面。见她时，我把自己的书送给她做礼物。双手奉上礼物时，我和老师瞬间都落泪了。

那是我第一次见到她哭。

或许，人的安详和乐观，都是表面。事实上，这么多年，我也很少与人分享自己的悲伤，在这个娱乐至死的时代，悲伤都显得太做作，甚至廉价。

那时我才知道，教我们的那些年，她过得非常糟糕：先生被除职；女儿在美国生子，失血过多险些丧命；父亲去世，她因有课程无法走脱，只好在校园的湖边踱步。

然后，擦干眼泪，她还要去给学生们上课。

那两三年，她就是这样走过来的。每一天都觉得很悲伤，甚至没有一点快乐，但最黑暗的日子终究是会过去的。

唯一庆幸的是，灰暗的日子过去之后，留给她的除了光明，还有众人的追捧。她的画获奖了，女儿回到了自己身边，一切都安然无恙。从最初的沮丧到此时的安详，她如同路人匆匆而行，像是从一个驿站走到另一个驿站，其中的艰辛却不曾向外人诉说。

3

每次去做阅读推广，每次有新书上市，每次跑很多学校讲课，累到腿疼，站不稳……总有人说我很坚强。

我只能笑，我也曾在无数个夜晚醒来，悲观到极点。无数次走到海边，想一直走下去。**生命的真相或许就是艰难前行吧。有时我们距离那么近，却永远无法知道另一个人在经历什么，忍受什么，承受什么。我们永远无法理解另一个人的生活。**

我是一个脆弱的人，但这种脆弱我更多留给自己观看。我内心的好与坏，我隐藏的伤疤与冰冷……我要一点点暖，生出光和热。假如你遇见我，请带走这光，带走这暖，带走这热。

一路走来，我不曾为谁停留，我明白，我的脆弱，我的孤独，我的呼救，可能只有我一个人才能走过去，一次次营救自己。或许每个人的人生都是如此需要独行吧。健康、平静、快乐，是我一直追求的三种境界。快乐总是太短暂。经历了太多，我才明白，安静度日已属不易。人的一生，要一遍遍经历这些，才能完满吧，而我就在这个过程中，一次次被击倒，再一次次被照亮。

裂缝是光进来的地方，伤口是心最在乎的地方，最乐观的是，它们都会好起来。

我们一次次经历喜悦、重逢、悲伤、离散，直到终点。而你狼狈的时刻、沮丧的瞬间，乃至那个让你无数次快乐的人和事情，都是路过，都是考验。

我哭的时候，恰好你没有看见；我狼狈不堪的时刻，你恰好也没有经过。可我知道，哭过之后，我还要上战场。

这些年，我们一遍遍地走过内心最深处的迷茫，我们可能没有长大，却从未停止生长，这就是最好的状态。

体面的离开，好过漂亮的开始

1

之前，一个作者特意加我的微信，给我留言："你是某某杂志社的编辑吗？能不能帮我问问稿费，还有你的一个同事？"

"怎么了？"

"她向我要了一篇文章的授权，说要给我寄稿费和样书，然后现在我再跟她说话，却发现被她拉黑了。"

随即他给了我那个同事的微信，我看到名字，叹了口气。她前些天刚离职，就拉黑了很多人，删掉了很多人的联系方式。不止是眼前这个作者，还有其他几个她负责的作者也来找我。

事实上，这个同事在我们公司做得很不错，我也很不理解她为何要如此绝情。我赶紧给她留言，期待得到一个解释。她却心不在焉地回答："是这样的，我很怕那些作者再找我要稿费、邮寄样刊，这些人很难伺候的，不好打交道。"

虽然她已经辞职，但我听到她这么说，还是很震惊。在我心里，她一直是个很认真的合作伙伴。她最初入职时，常常一个人加班到很晚，主编也经常称赞她干活认真。真没有想到她会潦草地辞职，潦草地离开，辞职之后，拒绝和上一份工作中的人有任何联系。

在我心中，人活着最重要的两个字，其实是"体面"。

明明用很野蛮的方式可以很好地赢得所有，可我依然会坚持文明者的姿态。我曾对一个朋友说，这是文明者的悲哀，为了体面，始终无法放弃一个文明者的底线。

在我看来，这个同事错就错在，她只有漂亮的开始，却没有坚持到最后。一个工作者最重要的不仅仅是第一印象，还有最后的印象，最后的印象决定了你是否可以和上一家公司的同事成为朋友，许久以后，还能坐到一起聊天，甚至一起创业做事情。

最初的交往中，我们可能看不出一个人的格局，但交往过程中的礼尚往来和最后的敬业到底，我们却能将它看得清清楚楚。辞职后，一定要交接完所有的事情，和身边的人好好说再见，这不仅是礼仪，更是一个工作者的姿态。

2

突然想到我的一个前同事，她的脾气比较暴躁，她和脾气同样暴躁的老板经常有冲突。但她的设计能力很强大，所以，老板每次都会忍着，有时也会开玩笑说："是不是所有有能力的设计师都是你这样的牛气。"

她只是笑笑，不予理睬。

我们大多数人也接受了她这种个性，并一致认为这是一个脾气有点直但很有才华的女孩子。没关系，只要她足够优秀，也可以征服我们这群惜才如命的设计师。其实这个观点影响了我许久，直到她辞职时，我才意识到比才华更重要的其实是一个人的德行。

原来，她辞职的时候，因素来与老板不和，在走的当天，她趁大家不注意，偷偷删掉了自己在公司所有的设计稿。为她集体送行的我们都不知道她的所作所为。第二天，人事还特意给她打电话，本想友好地告诉她，她的一些东西忘在了公司，却发现她一直拒接电话。

后来发现真相的我们，都有一种被欺骗的感觉。我们难过的不是要重新去做她的设计稿，而是对一个人才华的信任感瞬间崩塌。

真的没有想过，她会以这种方式辞职，离开一个团队。

关于她如何评价这个公司，如何评价之前的同事，我们早已不在乎，我们悲伤的只是，把一个人想象得特别完美，结果却事与愿违。

辞职之后交接工作的那段时间，体现的不止是一个人的格局，还有他的责任感和道德心。我敢断言，潦草地离开一家公司，就会同样对待下一家公司。爱情亦如此。多顾及他人的感受，多为别人着想，会为自己赢得更多的好感与人脉，这是我们一生要学习的功课。

3

　　有些人会给我留言，问这样的问题：为何自己一直没有贴心的朋友，全心为自己着想的朋友？

　　这个问题，别人无法回答。每个人的性格不同，不妨多问问自己，有没有很好地包容别人，在双方有矛盾的时候，自己是否肯站在对方的角度想问题。

　　我的一个朋友一直在外出差，工作非常辛苦，经常赶飞机从一个城市前往另一个城市。一次，她没有赶上早班飞机，时间太短，又无法改签，不得已只好退款，购买了下次航班，她看着短信通知，特别心疼——这次出差她要自己赔进去两千多的机票钱。

　　她打电话告诉主管自己的遭遇，本来只是想找个人说一下情况，主管却认为她缺乏职业素养，这次延误纯属她个人的原因。两个人立场不同，所以有了争执。此时，朋友没有控制住情绪，告诉主管她要辞职。没想到，主管立刻答应了。

　　损失了一张飞机票，不到十分钟，又丢了一份工作。朋友并没有执着地想辞职，此时却不得不离开。我相信每个人每天都有辞职的冲动，可大家一定要记住，遇见了糟心的事情，不要立刻告诉自己的领导，因为你们的立场永远不会一样，你们难免会有争吵和摩擦。

　　这个朋友回到北京，收拾好自己的东西，交接好所有的工作，才心平气和地离开了那家公司。我以为她辞职的时候，会和主管有一些争执。她告诉我："在当时争吵的那一刻，或许我们都有错，我的错在于我不该在冲动的时候说辞职，但我不能一错再错。我只能把工作做好之后再默默地离开，尊重我的工作，别人才能尊重我。"

我抱了抱我的朋友，心里想，干得漂亮啊！

我的朋友，体现的就是一个人的体面。在某件事情上，我错了，但我不能继续错下去。我既然选择了离开，你也同意了我的选择，那我会在离开之前把所有事情都做到完美，让你无可挑剔。

我不会草草了事，想在职场成功，凭靠的是能力；但离职前最后的时刻，考察的却是一个人的人格魅力。

要想别人尊重我们，首先要学会尊重别人，做好别人交给我们的事情。只有如此，才可能走得更远。

一个人若对世界没有敬畏之心，只有盲目的自大、自宠，他是很难做好事情的。

如何说再见，如何说辞职，如何告别一个人和一份工作，体现的是一个人的身心修养。

但愿我们都像蜡烛一样，从头燃烧到底，一直光明通透。但愿我们结束的时候，能体面地说再见，让一件事完美地落幕，始终坦荡磊落，赢得所有人的尊重。直到多年后再见面，还能体面地问候道："老同事，别来无恙？"

成长的路上，只有你自己

一个女读者向我抱怨："我婆婆很坏，先生对我也不好，他们从不关心我。这次我怀孕了，他们一家人逼我去流产，而他居然在外面找小姐。"

我说："那你还不离婚啊？"

她回答："我要是离婚了，孩子怎么办？我妈妈是绝对不会给我看孩子的，谁能帮助我呢？"

我继续回答："那要是不离婚呢？"

"我和他们很难相处下去了，会很难过。"

"那就离婚吧！"

"我知道，可是……"

这是一个神奇的怪圈。这个问题，本身也是没有答案的。我无能为力。

第二天，这个女读者对另一个颇有影响力的作者倾诉了她的故事，并恳求那个作者帮她。

作者的武器就是笔，所以她路见不平一声吼，洋洋洒洒写了一篇文章。文章在她粉丝上百万的公众号上发布，传播开来。这个作者是圈内很知名的自媒体人，这样一来，很多人都知道了这个女人的不幸。

可大家看了她不堪的一面，也很疑惑，既然如此，这位女读者在朋友圈晒的那些幸福，难道是假的吗？

女读者的家人一个偶然的机会也看到了这篇文章，自然气不过："家丑不可外扬，你把我家的脸都丢尽了，我们再难容你。"

于是那个女人又来找她："你能不能删掉那篇文章，这样对我和家人很不好。"

作者说："我不能删，我必须对自己的文字和读者负责。"

女读者说："你不删掉的话，我可能就无法继续在这个家待下去了。"

作者回答："那是你的问题，这是我听到的故事，我必须写出来。"

两个人各执一词，互不理解，找来朋友帮忙确定孰对孰错。不幸的是，她们找的那位负责裁断的朋友恰好是我。我夹在中间，无法回答。

相信这样的故事经常发生在我们身边，在不断重复的交谈中，那个听完对方倾诉又想去帮助他的人，最终会沮丧。

加缪在《西西弗神话》中描述了西西弗的遭遇。诸神为了惩罚西西弗，令他把一块岩石不断推向山顶，石头每次到达山顶，都会一次次因自身重量滚落下来。

这是对西西弗的惩罚，也是他的无用功。因为再也没有什么比无用而无望的劳动更令人沮丧。

因为倾诉者并不渴望得到真正的帮助。她只是想说，不停地说，只需要一点同情。

而他们的倾诉可能并不需要一个解决办法，在反复重复的过程中，他们想确认的不过是：没有人可以帮自己。

既然他们内心已经有了答案，为什么还要扮演牺牲者，以此征得别人的拯救。

对此，卡夫卡的一句话，可能是最好的回答，他说："一切受过伤害的东西都是躲躲闪闪的。"顾城也写过："长长的柳丝浸在水中，荡起一丝丝银亮的波纹，鱼儿惊慌地潜没了，带着旧日的钓痕。"

我们在躲躲闪闪中生活，往日的伤痕总会跑出来，和眼前的压力一起困住我们的灵魂，让我们无法挣脱。

一些人始终不懂得沉默，始终不懂得，正是这些带着旧日伤痕的生命，才可以感受到更多的渴望，才能承受更多的伤害。

他们之所以被困在无法解决的问题中，其实内心独白无非是这样的："我知道，但是……"他们好像很需要别人的帮助，积极地找很多人，问许多问题，但事实上，他们内心已经有了答案。别人给予的建议，只是他们完成答案的一个个路标。他们根本不会在意别人说什么，写什么，做什么。

若他们走不出内心的怪圈，一直不成长，是很难做自己的。

电视剧《李春天的春天》中，梁冰说了这样一句话：事情有三个面，你的一面，我的一面，以及事实真相的一面。

我们在看待问题的时候，都只看到了自己的一面，从未看到别人的一面和事实真相的一面。当我们心生抱怨，认为他人无情，多半都折射出了自己的内心。如果我们无法扭转自己的心态，停留在自己这一面，不去面对真相，不会为他人着想，我们永远找不到出口。

出口是什么？出口就是自我的修正、完善与成长。

自我没有提升，问题永远没有答案。

就像这个女读者要不要离婚，其实只是一个选择。若自己足够了解自己，知道自己想要的生活方式是怎样的，了解自己是一个怎样的人，什么样的家庭让自己感觉舒服，她是很容易做出最基本的判断的。

她之所以重复地去问别人问题，多半原因在于她对自己的认知度不够。

人常说，当局者迷。我却认为，成长的路上，每个人都是迷茫而不知归途的。我们都要面对人生的每一个三岔路口，去做每一个选择，而且还有可能会失败。

每一次做决定之前，你不妨问自己两个问题：

我能承受自己的选择，以及这个选择带给我的生活改变和意想不到的考验吗？

我能承受舆论压力，以及别人给予我的现实压力吗？

每一个选择都不可能是绝对的对，任何一条路都不可能是完美的归途。如果一个人不了解自己，无法劝服自己，他根本不可能听信其他人的建议。因为对他来说，世界是陌生的，是缺乏安全感的，是不被接纳的。

成长的路上，只有我们自己。

当一个人成为越来越好的自己时，他所面对的问题不会越来越少，但他解决问题的能力会越来越强。当一个人越来越强大的时候，内心会越来越温柔，才会懂得、才会珍惜世界和别人给予他的一切。

"没事，我过一会儿就好了"

1

我以前的一个同事陈君总在微信上给我留言："有时间我们聚聚。"

可我们离别了七年之久，一直没聚到一起。

一次，她来北京出差，只是一个上午就离开了。一次，我去上海出差，她恰好去台湾旅行了。总之，我们明白，在一起的时候，感觉明明很好，分别之后，再相聚几乎是奢念。

其实，之前做同事的时候，我们也没走得特别亲近，平日里也很少交流。可每次遇见重要的事情，彼此都会问问对方的观点和看法。我是双鱼座，她是金牛座，一个水象星座，一个土象星座，总能看到世界的不同面。每次听完她对一件事情的看法，我总是惊讶："啊，原来有人是这么想的呢！"

那又是怎样奇怪的缘分，把我们紧紧地缠在一起，我真的说不清楚。我们没有共同的爱好，她是上海姑娘，我是山东女孩，我总觉得她矫情，她却觉得我太悲观。我们对事情的看法从未一致过，自从她回到上海，我们从未在一个城市待过，却从未分开过。

缘分有时就是这么奇妙。

有些人在一起一辈子，却从未开口说过一句话，因此陌生了一辈子。有些人从未见过面，却成了很好的朋友，交流到老也不觉得累。

记得她离开北京时，同事为她送行，她说："要珍惜每一次相聚，因为这一桌子人聚在这里这辈子可能就一次。"

果然如她所说，那桌子人真的再没有聚在一起，其中一些人，我们果真再也没有见过。

上周，我看到陈君在朋友圈晒她和先生的照片，下面有一行字："都说七年之痒，我们也到了，但这个七年好像没有影响我和他。"

她明显比之前胖了一些，她老公一直是个胖子，不过，最近好像又胖了。

当然，如果最近他们都胖了，这说明生活得不错。我给她点赞留言："羡慕你安稳的幸福。"

晚上，她给我打电话却哭了："我和先生已经离婚了。上午发的照片不过是给老人看看，给身边的朋友看看，可是你不同，我想告诉你事实，你肯定会为我着想吧。"

我本想安慰她，她示意我停止："没事，我过一会儿就好了。"

　　我心里除了不敢相信之外，还有心疼等复杂的情愫。要知道，这些年来，我一直很羡慕她。她是土生土长的上海女孩，漂亮又娇气，读了很好的大学，英语成绩也很棒，积极向上，善良如初。老公真的很爱她，每天把她捧在手心里。

　　可她也有自己的辛苦，只是她不说。

　　父亲离世时，她没有哭，她对我们说："别安慰我，我过一会儿就好了。"

　　检查出不能生育时，她没有落泪："没事啊，领养一个孩子就好了。"

　　可是，她的先生告诉她："我们离婚吧！"

　　她泪流满面，而后又自我安慰："没事，可能我过一会儿就好了。"

　　我能理解她的苦，生活除了生存之苦，其实还有很多苦需要去品尝，比如生死离别的失去之苦、身体的病痛之苦、陪同亲人的迁移之苦。偏偏这些都被她这样柔美的一个女孩一一感受过。

　　上帝偏爱过她，可在她最需要偏爱时，上帝又忘记了她，这才是最可悲的。

　　于是，她只能咽下眼泪，假装自己很幸福，秀给亲人看，以让他们安心，秀给朋友看，以免她们添乱。她非常累，但她不能说，也无人可说，只能告诉遥远的我，而后又怕给我添麻烦，只能淡淡地说："我过一会儿就好了。"

多么可悲啊！

即使有过波涛汹涌，有过伤害，有过深夜哭泣，有过绝望，甚至有过自杀的念头，第二天，她依然是淡淡的样子，淡淡地对身边的人说："没事，我很快就好了。"

2

这让我想起另外一个女孩榛子，她失恋的时候，恰逢怀孕。她没有告诉男朋友，反而选择去流产。我说要陪她去做手术，她偏偏要一个人去。

她躺在手术台上，告诉我，她不能与我说话了，因为她马上就要打麻药了，会失去知觉。

我觉得非常害怕，非常担心她。她却觉得这不过是一件小事，让我不要大惊小怪。

那是我第一次亲耳听闻一个女孩如此淡定地告诉我这样让人恐惧的事情。我非常害怕，很是担心她。没想到，她只休息三天，就来上班了。

她在很久之后才告诉我，她当时也很担心，也很害怕，但想一想，事情既然发生了，就只能往前走，慢慢就好了。

当一件伤害我们的事情发生的时候，可能过去很久也不一定好，只是随着时间的推移，一些事情慢慢想开了，一些人被渐渐淡忘了。慢慢和渐渐之间的过程，只能折磨你一人。种种苦难都

有人偶尔会停留，而大多数漫长而孤独的时光，却只得你一人漫行。

3

　　我和她的友情始终是淡淡的。就像她的装扮、言谈和生活一样，一直淡淡的。本来我从她身上看不到任何励志的感觉，却不由自主地写下这个故事。

　　多年来，我一直很努力去写作，去读书，去更远的地方，我的喜怒哀乐，我的乐观和忧伤，我所有的一切都写在我的脸上。我一直以来的期待，就是在以后的时光，可以做一个像陈君那样恬静淡然的姑娘。但多年后，我依然做不到。

　　我的朋友啊，我就坐在这个盛夏时光，繁华的街头却无人穿过这炎热。他们总说好多事情要想开，不要太多执念，太多妄想。可人生就是一个与自己的欲望抗争的过程。要一次次受伤，一次次痛苦，一场场聚散之后，才能懂得放下，才能学会淡然。

　　可你从一开始就已懂得那么多。

　　可你从一开始就已学会掩饰自己的失落。

　　可你从一开始就知道一切终有时，聚散随时落。

　　这才是我最心疼你的地方，也是我始终学不会的豁达与通透。

　　过一会儿就好了，或者是我们一直都好不了了，都没有关系。有我一直陪伴你，感受这四季，感知自己的渺小。无能为力的事情我们学会放下，面对背影敢挥手说再见。如果没有乐极，至少不会生悲。假如没有欣喜，至少不会若狂。

但愿多年后，你淡淡的包容，淡然的心态，终有人珍惜并懂得。那个人不止爱你的青春，更爱你的灵魂。

你不必和谁都一样

　　看到一则新闻。一个富家女在北京创业做游戏，山西老家的父母却责骂她不孝，期待她回去帮父亲打理生意，别一个人瞎折腾。不然折腾到三十岁，就嫁不出去了，看谁敢要你？富家女却没有听从父母的安排，创业成功，赚了很多钱，她说了一句话："不要活在别人的眼里，不要活在别人的嘴里，要活在自己的心里，生活得洒脱一点，不要为别人去活。"

　　可能是因为刚过了三十岁的生日，我看到这样的故事，总是很感慨，也很佩服这位富家女的潇洒和果断。

　　看到这个故事的时候，我正在听赵雷那首比较红也比较有争议的《三十岁的女人》，他深情地唱："她是个三十岁至今还没有结婚的女人，她笑脸中眼旁已有几道波纹。"

　　三十岁，我对你又爱又恨啊。

　　我突然想起琦琦，她恰好在三十岁生日这天分手。

　　男友的话很伤人："你和我前女友不一样，你没有她懂生活。

我和你在一起是没有办法生活的，这一点我很清楚。希望你放过自己，也放过我。"

琦琦挽留他："我希望你能想清楚，她已经不再爱你了，我却深爱着你。"

男友转身走了："别让我看到你求我的样子。我不会于心不忍，只会觉得你真的不如她骄傲。"

事实上，琦琦也是一个骄傲的好姑娘，可能是因为这一段爱情持续的时间比较久，又特别虑心，她一直放不下。她甚至想成为他口中的前女友。只要结婚就好，三十岁的她特别想结婚。有很长一段时间，琦琦一直纠结，困在自己假设的牢笼中，走不出来，她恨自己无法成为他前女友的样子，更无法给他前女友的感觉。

可我觉得琦琦没什么不好，至少我们都很喜欢她。喜欢她的好品位，喜欢她的好脾气，更喜欢她的真实与天真。

琦琦自小生活优越，她很小的时候，父亲就在国外工作，母亲又经常出差，她时常都是一个人。高中出国留学后，她更是独来独往，没什么朋友。她把男朋友看得很重要，我却觉得他并没有那么爱她。

他常常拿着电脑来与她约会，他好像一天二十四小时都很忙，从不会抬头看看眼巴巴地看着他、等着他的琦琦。他点餐或点饮料的时候，从不会问琦琦想吃什么、喝什么。他至今不敢答应琦琦，带着她去见好友、见父母……有时，我们认为琦琦对他一无所知。

可琦琦依然迷恋他。可能人世间的爱只有两种吧，一种是已失去，还有一种就是未得到。

他们相处半年后，恰好是冬季，一个下雪天，他终于对琦琦摊牌，说冷静一下，分开一段时间，他心里还惦念着前女友。

前面这个理由，琦琦还好接受，后面这个，顿时打击到了琦琦。人和人的离别，只是一次谈话，只是一次告别，只是一个转身，她也成了他的前女友。想到这里，她泪流满面。

我只能说，一个人离开你，一定有你的原因和他的选择。那一刻，他没有选择你，不如让他自由。想来想去，这没什么不好。可我们无法成为任何人，我们只能做自己，做更好的自己，遇见一个对的人。

虽然琦琦失恋了，但我反而觉得从另外一种意义上来说，这对她是一种解脱。

爱的人离开了，虽然自己舍不得，可爱情不是一个人的用力，而是两个人的互相珍惜。我更期待一份彼此契合的感情。毕竟生活永远不会只给我们一条路去走。

可能令琦琦最难接受的是，她已经三十岁，还是没有留住一个男人。

现实生活却是，我们身边不乏三十岁还没有结婚的女人。纵使身边人认为大龄未婚的她们是失败的女人，但庆幸的是，她们单身到现在，都懂得为每一个决定负责任。

"我已经到了三十岁，除了结婚还能做什么？"这个想法束缚了很多女人。

我们经常会有这样的时刻，觉得一切都那么糟糕，很多事情陷入一个恶性循环，自己却无法逃脱。可能我们用尽全力拼命对一个人好，却永远无法赢得应该有的回报。别人一句话或一个念头，可能就打发了你。

总有另一些女人，在三十岁时活出了另一种姿态。

我的同事杉杉三十岁时突然决定去捷克深造，并定居在了那里；中雨三十二岁时，被最爱的人丢掉，她辞掉工作，一个人创业，卖伤心咖啡，只听在爱情中伤心的人讲故事。我从未想过，中雨一个连自己的工资都算不清楚的人，居然创业成功。虽然只是一个小小的咖啡馆，她却能为人生的每一个决定做主。**她们从不觉得自己多能干，依然向往爱情，依然认为真爱最重要，婚姻是爱情的结果，而不是年龄大了之后的将就。**

这一生，我们不必和谁一样，因为每个人的使命都不同。

爱上一个永远不能忘记的人，考上了研究生，环游世界，创业做自己喜欢的事情，做一份真正热爱的工作。去做这些事情的意义，不过是丰富我们这一生。我们没必要在意别人的目光，他们无法定义我们的人生。

三十岁以后，我们活得越来越清醒。在这个令人迷茫的世界，我们没办法阻止时间的步伐，无法让过去回流，但**我们可以让自己变得更好，不用活在别人的期待中。我们能做的，真的只有更多地去控制自己的时间。**

所以，这一世，你无法和任何人一样。

这个世界一直在变化，我们甚至无法和之前的自己一样。就像我，有时也会翻看自己的第一本书，它在四年前完稿，其中的一些人已经离开了我的人生，一些人还在我的生活里成长。我不知道他们有了怎样的改变，事实上，我自己也改变了很多。以前的我太过执着，不懂珍惜，总是风风火火地往前走，没有学会我一直向往的慢生活；此时的我看淡了许多事情，可以接受很多无常。以往在我看来不能实现的人生，也在慢慢变成我想要的生活的样子。

原谅我如此笨拙

从小，我就是一个很笨的女孩，别人一下就能学会的东西，我要反反复复地学，反反复复地看，才能掌握。工作以后，我更是要花费很多力气、很长时间，才能将工作做到游刃有余。

我一直记得每次考试结束发成绩单时，我都会异常紧张，如果考得不好，我会回家大哭一场，这还不够，我还要把其中的题目理解透彻。而且是一边哭一边学，我妈妈常常在一旁骂我："真是个笨姑娘啊，还没出息，总落泪。"

我就这么笨笨地考上大学，一个人在北京工作那么久，但每次只要打电话给我妈妈，她一定会说："虽然你会坐地铁，会做饭，会一个人生活了，但我还是觉得你笨。"

我不服气，但仔细想想，的确如此。每当有需要我挑战的工作，我真的会着急到落泪，急什么？怕做不好。我一个朋友批评我，不要太完美主义，可我真的做不到，因为做不好一件事时，我会沮丧，会落泪。

每次演讲之前，每次有新书要上市，我都会寝食难安。另外一个演讲师索索却淡定得多，她每次演讲前会吃很多东西，因为结束后，她就累得吃不下了。我和她恰恰相反，我演讲前什么也吃不下，结束后，反而特别能吃。只有将一件事情做好之后，我才会放松。

大多数人见到我，第一印象就是随和，我在简历最后的自我评价中也写道："我是一个很好合作的人。"

"笨人都这么说自己。"索索总结道。

可我真的很笨，所以上司交给我的所有事情，我每个细节都不会放过，一定要胸有成竹，我才能安然睡下，所以这些年我睡眠一直不好，心事太重。

我经常会在早晨四五点起来，兴奋地写一个故事，写到七八点，看着不舒服，觉得自己修改不好，很无力，无力得想哭。于是干脆放弃这个故事，直到有一天找到灵感，再来写。

每次新书出版前，我都要反反复复地看和修改。一次，我和一个新书同样要上市的作者交流。他向我抱怨很多事情，说编辑希望他自己看一遍稿子，等等。我惊讶地说："啊，难道这个不是你本来就要做的事情吗？"他也很惊讶："啊，难道你觉得这是你应该做好的？"

是的，我必须要做好，并不是一定要亲力亲为，而是我不容许自己出错，也不能接受自己出错。在北京生活了九年，我一直觉得自己活得很累不能放松的原因就是：我太笨了，很多事情放不下。

我笨拙地学习，笨拙地工作，笨拙地爱一个人。只要给我一个目标，我就能勇敢地前进。我看过许多书，不乏畅销书，看到一些女作者活得玲珑剔透，文字之间尽是智慧、理性或张狂，我很羡慕她们的聪明。是真的，是发自内心地羡慕。再看看愚钝的自己，我会有一种恨自己的感觉。有些事情我肯定是学不会的，比如特别理性地去看一件事，然后做出正确的判断；比如一眼就能从人群中看出来谁才是自己的朋友；比如迅速地分析利弊，认清他人的真实目的……诸如此类，我都做不到，我只能笨拙地活着。

我看书学习，我要反复地看到自己理解透，才肯结束。上周，我和一个朋友荔枝决定明年九月去捷克留学，去卡夫卡的母校读文学。决定之后，我就开始学捷克语，还报了班，找到了一个在捷克留学并定居的同学。大概是到了三十岁，学捷克语真的很难，又没有那种语境，我着急到想哭。我联系荔枝，问她学得怎样，她回答说，还没有开始，最近比较忙。

那一刻，我突然想到一个和我一起写作的女孩。当时，我们约好了一起写书，我就开始去写，她告诉我，写作需要环境，需要快乐，需要……或许真的需要那么多，但更需要的是我们自己安静下来，一点点前进。直到上个月，我见到她，她说，好羡慕你，实现了自己的愿望，而我的第一本书还没有写好。

可能是我太笨了，笨到把每句话、每个决定、每个任务，都当成挑战。我能力并不优秀，生得也并不漂亮，但我愿意一点点改变自己。**当我们说，我需要什么样的条件才能去做一件事时，需要怎样的成功才能去爱一个人时，其实是一种借口，因为真正想去做的事，立刻就去做了。**

哪怕是我失恋了，我也特别希望对方不要含蓄地向我说什么理由，因为我可能会误会其中的意思，我可能会傻傻地等。我一共谈过两次恋爱，每次分手，我都要追着别人问清楚真实的原因。我太笨了，不问肯定猜不透。

最后一个恋人，我曾无力地爱过他，爱得死去活来，被伤得很深。夜里、白天，我不停地询问身边的人："怎么这么疼？怎么做才能不这么疼？"

他们说："其实钥匙在你身上。"

钥匙在我身上，钥匙才是打开我的大门，每个人的钥匙都不同。但我要找到我的钥匙，打开我的世界，找到我笨拙的原因。可惜暂时的我还是做不到，我只能往前走。或许多年以后，我才能参透这句话的意义，但那时的我，只觉得无力，可无力是多么珍贵啊，因为再也没有比无力更真实的感受了。

后来，我看到一篇文章，刘震云在北大的演讲，主题是：我们民族最缺的就是笨人。他描写了自己的亲戚是个很"毒"的木匠。为什么说他"毒"，因为自从他做了木匠，整个村的木匠都失业了。

别人做一把木椅子用了三天，这个木匠要用六天，因为他热爱，除了热爱，他还会去悟，什么样的木头做什么样的家具，他会闭上眼睛，去闻木头的味道，去想象这个木头可能会带给使用者怎样的感受。那一刻，刘震云觉得虽然这个亲戚没有读过北大的哲学系，却俨然是一个哲学家。

而那一刻，我也懂了，除了笨，我也需要一些悟性。

可笨人找到悟性，难免要做很多无用功，要去牺牲，要去碰壁，要去钻研，要去努力，只是为了让自己看起来不那么愚钝。很多人在没有成为笨人之前，没有做这些无用功之前，就自作聪明地放弃了。

虽然我的妈妈一直说我笨，但我很庆幸，直到而立之年，我依然愿去尝试，我依然愿意做一个笨人。

我愿意去爱，去生活，去工作，用我笨拙的双手，以我的眼泪，拿我钝感力十足的心，慢慢地去做我喜欢的事情。去写作，去爱一个人，勇敢地，不顾一切地，不计后果地去做，即使会碰壁，会辛苦，我也要勇敢地走下去。

我可能永远长不大，但我永远不会停止生长

1

过完这个月，我在房东老太太的房子里就住满七年了。据说，身体细胞重组七年后，你就是另外一个人了。我仔细看看镜子中的自己，却没有发现我和七年前有任何差别。

七年前，老太太常说，她一定要移民，移民到加拿大魁北克。那里有她的女儿，以及女儿的家人，她每天都很挂念她。

老太太是一个大学老师，先生是她的同事，两个老人都已经八十多岁了。我每次去看望他们，他们都很开心。老太太身体一直不好，曾一度发烧，烧到眼睛看不清东西，她对我说，没关系，我老伴就是我的眼睛，我心里看得清楚着呢。

直到上周，老太太有些忧伤地说："我不敢相信你真的要离开我们了，那房子我要卖了。"

"可是您这不也就要去加拿大了，可以天天守着女儿了。"我安慰她。

"不一样，你其实也是我的女儿。毕竟我们认识了七年，每

个月我都能见到你，却突然也要见不到了。"

这句话，让我鼻子一酸。

七年的时间，足以改变一个人的一生，但也有无法改变的东西，那就是我和她的情谊。七年前，我入住这套小小的房子里，倾我所有把这个房子打扮得像家一般温馨。

我一个朋友来北京，住在我家，还曾感慨："你还真把这里当成你家啊！"

我真的无法想象，即将离开这所房子，这比大学毕业时与朋友们分别还要难过许多。

越来越觉得时间真的很重要，它是衡量很多东西的标准。

一些没有被时间改变的事情，总是让我很感动——比如，相爱一生的老人、从小一起长大的闺密、在一起工作多年的搭档、那对总也吵不散的恋人相恋八年后终于结婚……我越来越迷恋时间带给我的这些真实的感受，就像一个人，陪着你走了很久，即使离别，也会有不一样的不舍和不一样的回忆。

我们都在说需要仪式感的人生，其实我一直认为仪式感是时间给的，没有时间这把量尺，再好的仪式感都会显得空洞。唯有时间才能让所有事情尘埃落定，也让所有真相浮出水面。

2

上周终于联系到了大学最喜欢的语言学老师，也是我的班导师。我非常欣喜，毕业几年，我一直很想念她。

她给我发了一张照片，淡淡地告诉我，她离婚了，今年四十六岁，没有孩子。

只是几句话，就交代了一个女人的前半生。可这些字眼犹如晴天霹雳，这夏天的下午，阳光很好，我坐在窗前，看着远方，难过了一下午。

在爱情中，可能是谁付出的真心越多，爱得越多，谁就越容易受伤吧。

我清楚地记得那是刚毕业时，我刚来北京不到一个星期，就发现了男朋友和一个女人的聊天记录。那一刻也意味着我失恋了。

我非常伤心，离开了家，他并没有来追我，甚至没有给我打一个电话让我回来。他大概觉得我没有地方可去，可能走不远，自己就回来了。

那时的我很傻，也很倔强。在北京的街头走了很久很久，直到凌晨四五点的时候，我拿起手机，看了很久，却发现我只能打电话给我的老师。现在想想当时自己的行为太鲁莽了，毕竟每个人都不愿被凌晨吵醒。

但那时的她没有不开心，反而很担心我。

我记得那段时间她和她的先生一直在开导我。对于她先生，我只听过声音。他告诉了我很多人生的道理，说此时觉得难过的事情，再过段时间就会发现那只是人生的一段经历而已。我对老师的先生印象颇佳，那时也很羡慕老师。从未想过，只是几年的时间，他们就走到了陌路。

我一直想告诉老师，这些年来，我一直在做讲师，去了很多地方，遇见很多人。每天都有人问我许多问题，渴望我的帮助，不管任何时候，我都会帮他们解答各种问题，看似复杂的，简单的，无解的。

我的一个作者朋友曾说我："你怎么有那么多闲工夫，去回答这些问题。"

无论是工作还是生活，我都很忙，可我明白，人在关键时刻，真的需要有人指点一下。我经常写励志文章，虽然我没有做过牛气闪闪的事情，可那个时候，他们需要的或许只是安慰。当局者迷，我这个渺小的旁观者或许会让那一刻悲观的他们看到生活的真相，试着去理解身边的人……

而我无条件地热心地做的这一切，都源于老师那个凌晨四五点钟对我的帮助。

当时的我，一个人站在北京的街头，永远记得她说过一句话："我只是希望以后的你，也能像此时的我一样，可以帮到另一个迷茫的年轻人。"

这些年，我如此努力，如此热心，如此奔跑，只是想让自己像那时的她一样。

所以，那个下午，我坐在窗前，看着外面繁华的城市，顿时流泪了。我知道她不需要安慰，毕竟时间过去那么久，回忆的伤痕好了，却留下了疤。我不愿意揭开她的疤。我只想陪着她那时的心境，难过一会儿。

3

我突然想明白一件事。

人虽然只是宇宙中的一粒尘埃，但每个人都是一颗行星。在某一个瞬间，我们相遇了，但我们有着各自的轨道，要不停地往前运行。两个人要保持同样的运行速度、同样的方式、同样的目标，不能有任何偏离，才可能一直走下去，直至终点。

可是所有的人和事都在改变，我们无法确定太多，甚至无法确定自己是否一直运行在轨道上。这才是人生多变的原因吧。

我们可能不会喜欢从前的自己，可能会越来越讨厌此时的自己，又怎么能保证会一直爱身边的那个人，这才是最可怕的地方吧。

我们只能往前走，不许回头看啊，逝去的都已是风景，眼前才是值得投入的快意江湖。

我们都以为别人的生活才是最好的，最终走近了才会明白，**每个人的生活都有残缺，而这种残缺，让我们的人生变得完整。**

房东老太太到了加拿大，突然给我打电话，说那房子她不打算卖了，让我继续住下去。因为她害怕我在其他地方住，不安全，有我给她看家，她觉得很安心。

我问她在加拿大待得怎么样，她说很好，真的很好，在女儿身边，就是不一样，很安心。

那一刻，我突然非常期待有一天老师也能给我打一个电话，告诉我，她又恋爱了，她有了一个漂亮的女儿。哪怕是在梦里告诉我这些，我也很开心。

而我，还要步履不停，拥抱我的天真、我的脆弱、我的勇敢，一步步向前走去。我没有被计划好的人生，我也不擅长做任何规划，但我的目标又是那么清晰，遇见很多风景，写很多故事，写到老，爱一辈子。

我可能会一直天真，这种天真就像一股傻气。我唯爱这天真，将一直爱下去。

虚拟的社交圈，无须你左右逢源

1

认识一个女孩媛媛，初次见面，很是喜欢她。

同样的事情，同样的话，只要有她在，我都会学到很多。她很会说话，做事精明，情商也高。虽然我比媛媛大，但在精灵古怪的她面前，我就像个傻瓜。

她也一直说我傻，经常指导我如何做事做人。她告诉我，她有三个微信，每个微信里都加满了人。她自豪地说，这些人就是她的资源。

她经常教训我："你经常出差演讲，认识那么多校长和老师，一定要好好珍惜这资源。"

是啊，我是认识很多老师，但要与他们打成一片，实属难事。一是精力有限，二是交集太浅。把太多人请进生命里，却不能照顾好他们，并不是我的处世原则。有时我一个人坐在咖啡厅，会孤独地想一个问题，我们为什么要把这么不熟悉的人加进朋友圈。大家从不说话，甚至不可能再见面，我们都是围观者，看着别人丰富多彩的生活，却迈不进去。以前我下班在地铁上，还会刷刷朋友圈，点点赞，或评论，如今几乎不会关注。

当我这样感慨时，媛媛却说，这只能说明我笨。

我看她周旋在很多朋友身边，还想认识更多的人，她早已把朋友圈当成了一个世界，而她的野心就是扩充这世界。她与很多人交善，交心，帮过别人，也被别人帮过。她的朋友很多，大多活得精彩，有人在国外读书，有人在舞台上表演，有人在美院的咖啡厅画画。

我问她，你可知道这些人真实的生活，或走进他们真实的人生去瞧一瞧。很多人只会把他想让你看到的一面展现给你看。

媛媛一边翻看她朋友圈的留言，一边说没有必要，关键时刻，他们能够站在她这一面，就足够了。

之后，媛媛创业，开了一家美容院，却赔了不少钱。她急中生智，又在朋友圈开始卖洗发水、银饰、珍珠，或代购一些衣服，等等。

结果并未如她所愿，她在朋友圈销售的东西几乎无人关注，更不要说购买。两个月间，她的很多东西还是滞销了，不得已，她只好群发自己售卖的东西，不一会儿就被很多朋友拉黑了。一气之下，她也拉黑了很多人。

还没有等我开导媛媛，不要在虚拟的朋友圈浪费太多力气，而是要努力提升自己的实力，她就比我先明白了这个道理。果然情商高的人都太聪明，反而又被自己的聪明绊倒，爬不起来。多半情况下，当你对别人怀有很大的期待时，注定是要落空的。人若不吃亏，多半都不会明白那些简单的道理。

2

我们出差讲课时，免不了要和当地邮局的人聚在一起，吃饭、喝酒、聊天。

我每次出差前，都会特意强调，我只负责讲课，其他的一概不管。讲完课，我就要回宾馆，写作，写稿子，没有办法，也没有时间再和他们聚在一起。

最初，大家都觉得是我冷傲，难以接近，对我颇多不满。半年下来，我却因此节约了很多时间，我把最重要的时间和精力，都用在了课程上。这才是最值得我们花费时间的地方。

当大家觥筹交错时，我在看书；当大家都对明天抱有幻想时，我在熬夜写作。不知道为什么，慢慢地，我对聚会、聊天、幻想等一切虚拟的东西产生了抗拒，随着年岁的增长，我只想珍惜眼前的时光，活在当下。

我也曾是一个热血少女，特别讲义气，我生性温和，所以为了维护一段情谊，我愿意吃亏、忍让、牺牲，我可以一退再退，但到现在，我渐渐明白，很多人、很多情谊不值得我们花费很多力气去维护。或者是，哪怕你头破血流，也不会被不在乎你的人认可。

有时，我没有及时回复一个读者的消息，就会被他骂一通，再回复他，却发现他已拉黑我。还有的朋友，每次他靠近我，给我的朋友圈点赞，找我聊天时，不用多言，我都能猜到他的目的，一定是有事相求。

这个并不可怕，可怕的是，有一个作者朋友，新书上市时给我寄书，写赠言，我也努力帮她推广新书。过了那段时间，我再次找到她，想要一篇文章的授权时，却发现自己早已不是她的好友。

我们之所以这么明目张胆，之所以这么勇于求利，不过是断交的代价太低了。

如今，一个请求，一个通过，就能开始一段友情。一个按键，一个确定，就能结束一段情谊。这就是我们朋友圈的朋友。来得容易，失去得也很快。

可是真正的朋友，不是因为微博、微信等社交平台而存在的。

那些即使卸掉这些交流工具，还在你身边的人，才是你真正的朋友。

可能你们会因为意见不同而争吵，会因成长的步伐不一致而陌生，会因不一样的生活走上不同的人生，但多年过去，他们一定还在，而且是温暖的存在。

有人说，我个性过于鲜明，有棱角，不知道如何与人相处，所以可能不会有人喜欢我。

情商不高，并不可怕，我们生来又不是为了讨人喜欢而存在。

不善交际，不善言谈，也不可怕，我们生来又不是只有一种交流的方式。

其实，你保持你的真诚就好，努力提升自己的实力。你不必事事圆滑，更不必牺牲自我。做一个有一点棱角的人，也很好。

与那些情商高、左右逢源、聪明伶俐的人相比，我更喜欢有一点笨拙的人。哪怕是不想和你做朋友了，笨拙的人还在思考是非，还会心软，聪明伶俐的人早已跑掉，因为他们一眼就能看到结局，看清利弊，看明白自己的得失。

这也是我有点怕"聪明人"的原因。

太过自信，会让人变得盲目

顾雨为了业绩，必须要拿到甲方的项目，他在策划案中特意夸张了自己的能力，所以，策划案做得很漂亮，每个成员的能力也被适度夸大，包括学历、经历。

毫无意外，他真的拿到了这个项目，这让他自信满满，却又让他陷入僵局。

他对自己的能力夸张太多，其实他并没有那么多经验。

他拉着团队东奔西跑，带着尝试的意味，最初接手时，就是处理各种麻烦，应对各项紧急事件。忙到一半，他觉得自己尚能坚持，甲方却以他团队做事不利、拖延为理由，解除了合同。

顾雨白忙活了那么久，团队也解散了，他也因此辞职。这件事让他变得很脆弱。但他从未怀疑过自己的能力，也不去反思这件事他到底错在哪里。他强调这件事失败的原因是甲方给予的时间不充足，而我们都懂，最重要的原因是他能力不足，拖延了时间。一个人可以很用心地去做一件事，但在这个过程中，精力、经验也是一个项目能否顺利进行的标准。

我一直觉得自信的度真的很难把握。大多时候，自信，可能只是一种自我感觉良好。

内心觉得自己肯定能做好这件事，事实根本没有把握；明明没有实力去做一次分享会，却依然硬着头皮去讲，结果定然会不尽如人意。

真正的自信是底气，是你做一件事的执着、淡定、气度、经验、精力，以上缺一不可。但我们大多数人的自信，可能只是一种得过且过的自我宽慰。

"没问题，我可以做好这个项目。"其实你未必能做好。

"没关系，肯定会有一个人来爱我，娶我，和我幸福地走过这一生。"事实上，你一次恋爱都没有谈过。

"开除我，是他的损失。"一个被老板解雇的员工如此自我安慰。

说这些话的人，表面上很自信，内心却是脆弱的，他们得不到别人的安慰，只好自己宽慰自己。自我安慰是没有错的，但不要一直沉浸在自己塑造的美好幻景中，不肯走出来面对现实。真正的自信是面对自己，发现自己的缺陷，是肯反思自己的弱点，学习新知识，补充能量。

国学大师辜鸿铭撰写的《中国人的精神》，指出中国人的国民性格有三：一是淳朴，二是含蓄，三是聪明，缺少的是"谦虚而不自卑，自信而不傲慢"的气度。

我们一直提倡自信，男人要自信，才会充满英雄气概，女人要自信，才会美丽。哪怕这自信是年少张狂，是无知，是欲望，是不能真实地认识自己，是无法正确地做出判断。这时的自信，更多的是自傲，是浮躁，是逞强，是不安，是明知能力不足但依然骄傲的心态。

我们身边这样的人越来越多。

他们一直在跳槽，总也找不到满意的工作，他们对自己的实力信心爆棚，却什么也做不好。他们自以为掌握了一切，靠作弊获得了证书，却根本无法做好任何项目。

他们见了面，除了互相交换名片，看着彼此的头衔，就是鼓吹自己又做了什么项目，好像自己真的是某个领域的专家。人们不断赞美他们，随意的恭维都可以让他们更为张狂。事实上，赞美更像是一种问候，一种礼物，一种社交礼仪，莫要把它当自信的底气。

因为这种自信，一旦自己一个人在家，关上门，就会觉得满心苍凉，好像世界上并没有其他人能够理解自己。只能孤身一人，去享受虚名带来的徒有其表的安慰。

当一个人不需要外界的评价也能独善其身时，才是真正的自我接纳。

我去采访一个校长，他说自己喜欢写作，喜欢阅读。我并没有太在意，但当我进到他的书房，看到他写的东西时，大吃一惊。他读过的书，一本接一本，密密麻麻写满了读书笔记。

他还给我看了自己写的散文，更是精彩。他却说，这只是一部分，大多都写得不好，一边写一边丢掉。我看到他如此敬业、好学，不由得心生敬畏。

他说每隔一段时间，多看了一些书，便觉得自己浅薄许多，有一种很丧气的感觉，觉得自己无法像其他作家这般有天赋，所以要更加努力才好。

这让我想到很多人做了一些事情，就喜欢沾沾自喜，四处炫耀，他们从不懂如何藏拙，如何修炼，如何打好基础，所以只能失败。由此，我更佩服老校长的谦卑与坚持。

最初，我也是一个盲目自信的人，没有做成的事情，喜欢告诉别人，每次写一篇小文章，也沾沾自喜，四处炫耀。随着出书，随着演讲，我却越来越胆怯，对自己说过的话、做过的事小心翼翼。尤其是去演讲，若之前都是毫无忌讳地说，现在在用词上会更加严谨，怕出错，怕被人笑话。

从最初的自信满满，到如今的谨慎细微，我学到了很多处世的哲学。人要时刻低头审视自己，不被审视的人生，不被反思的生活，都是空洞的。

我现在对特别顺利的事没有信心，总会怀疑自己是不是哪里没做好，因为基础不牢，后期可能要面临更多的挑战。若一件事情让我有些无力，摸不着头绪，我反而觉得要集中全部精力去处理，这才是真正提升的时候，要把这些做好，才能摸到自信的脉搏。当你感受到阻力时，恰是寻找到人生突破口的时刻。

但愿我们找到的是自信，而非浅薄的盲目骄傲。

及时停下脚步，及时审视自己，不时地反思自我，其实也是一种自信，可以让自己走得更远，而不盲目自信。

第三章

通往梦想的路从来不是一条坦途

你要永远记得，改变人生的时刻，与任何无关。它其实是你一直轻轻敲门的努力，是你对一件事物的真心热爱，是你永远不可能放下的梦想，更是你坚持的力量。

时间是我们最公平的朋友

1

一个亲戚的眼睛被撞了一下，送到医院，他连连叫苦："医生，我的眼睛对我来说太重要了，你能先帮我看看吗？我明天的飞机，我还要出国去读书。"

医生面无表情地说："不行，你好好去排队吧。不止你一个人，眼睛对任何人来说都重要。"

我的亲戚着急到不行，四处打电话，无法耐心等待："可是我没有时间了。"

医生不为所动："继续等待吧，时间对每个人来说都一样。"

那时，我所有的亲人都觉得这个医生未免太冷漠，站在他们的立场，因为明天就要去美国读书，时间自然宝贵。可是站在大局上，那一屋子病人似乎都有十万火急的事情要做，医生这么做，也是公平的。

疼，似乎只有在自己身上才是真的疼。当我们残忍地对待别人时，基本上是没有感觉的，除非有一天，自己也遭受如此待遇，才能体会到别人的痛。

所以，千万不要在集体面前有优越感，也不要觉得自己的时间的价值大于别人。这个世界最公平的，除了死亡，就是时间。时间对每个人来说都很重要，尤其是年轻时。

2

沫沫自从生了两个宝宝，就做了全职太太。她喜欢写作，从未放弃过。一边写作，一边带孩子，自然过得有点辛苦。但每次作者找她推书，她都会热心帮忙。

一次，沫沫答应了一个作者要帮他推书，而后又反悔了，说没时间帮他。于是，那个作者就在群里吐槽，并想与她理论。他叫嚣了许久，她都没有出现。看他说的内容，大致的意思是，答应了别人的事情就要做到，等等。

我问她这次是怎么了，为何失信于人？

沫沫向我解释："他找我推新书，我答应了。第二天，他说我闲着也没事，赶紧帮他推，他可能只是说笑，却刺痛了我。我真的有点失望，我要照顾两个孩子的起居生活，还要写作，从早晨五点马不停蹄地忙到晚上十一点，真是太累了。我讨厌别人觉得全职妈妈就是一副很闲的样子。我的时间很宝贵，我也要珍惜自己的时间。可能你很努力地去帮助别人，别人却不见得会珍惜你。最重要的是，我得学会珍惜自己的时间。"

几乎所有的事情都是如此，我们请求别人去做一件事时，从不会把"是否浪费别人的时间"作为一项参考事宜。我们主观地渴望他人的举手之劳，却从未想过这件事可能要消耗他们的时间、精力、人脉。

时间才是我们最公平的朋友，它只给了每个人一次机会，且无法逆转。你做的每件事、每个选择，都无法突破时间的牢笼，回到过去再做一次。所以，市面上关于时间的电影、书籍、故事层出不穷，无论是《时间旅行者的妻子》，还是暑期档电影《逆时营救》，讲的都是主人公从不同的角度来写自己如何突破时间的控制，回到了自己最想回去的时候，去做自己最想做的事情，去拥抱自己最爱的人。

回到过去，是个永恒的话题，因为我们谁也回不去。

我们唯一能做的，就是活在当下，把当下的事情做好。不要浪费别人的时间，也不要浪费自己的时间。珍惜那个肯为你花时间的人，因为时间的价值远远大于金钱。

3

很多事情，很多友情、爱情的难题，我们都可以从时间上找到答案。

我和一个朋友最初聊天时无话不说，总是聊到深夜，有一段时间，我还曾帮过她，收留她在我家里住了半年之久。直到一天她要离开北京，我们一起坐地铁去看电影，她拿着书，站在我旁边，我有些尴尬。还有一次，我跟她说了一句话，她却给我回了一个问号。

我那时就知道，我们的友谊结束了。人和事情的可贵之处，在于一直有变化。

从此，我们再也没有聊过天，可能我只是她当时的一个需要，而并非朋友吧。当一个人不肯在你身上花时间时，说明你没了吸引力。这种状态也会出现在爱情中。

有人问我，当你耗费苦心去给心爱的人留言，他却视而不见，或偶尔回一句话，这段爱情还有意义吗？我只能说，他已经拒绝和你交流，且不愿把时间耗费在这段感情上。

我们应该如何判断自己爱一个人，而不是需要。那就是，当你得到一个人，依然爱不释手，尽管中间相爱相杀，尽管有过无数分别和挣扎，这肯定就是爱。当你得到却觉得不过如此，这段感情可能只是一种需要。

时间就是这么公平，这么无私，它的确是衡量很多感情的标准。你对我好，我也爱你，从何体现，其实就是时间的分配和管理。**我爱你，所以我愿意把所有的时间和经历都给予你；我不再爱你，所以请你把清静还给我。**

4

很多想不明白的事情，都可以从时间中找到答案。

如何增加时间的价值？我个人认为，时间的价值是由我们所做的事情体现的。时间最好的加速度就是努力去做你想做的事情，努力打磨自己，把自己打磨成更好的人。相信时间的公平，它肯定会带来更好的人与你匹配，带来更好的朋友与你分享。

而我们唯一能做的就是，好好爱时间这个最公平的朋友，去做你喜欢的事情，去爱你想爱的人，拼尽全力，它定然也不会辜负你。

当一些人辜负你、离开你、伤害你，不必太在意，人来人往，时过境迁，时间才是你最好的朋友。把你所有的精力和时间都耗费在美好的事情上，你就能收获时间的善意。

所有人都向往六便士，
只有他心中装了一轮明月

有人评价说《月亮和六便士》是一本女人应该看的书，也有人评价说这是一个中年人放弃一切去追求梦想的故事。

在我心中，它是一个关于回归本心、追求自由的故事。

这本书讲述的是一个英国证券交易所的经纪人的故事，他本已有牢靠的职业和地位、美满的家庭，却迷恋上绘画，像"被魔鬼附了体"，突然弃家出走，到巴黎去追求绘画的理想……

没有人能理解他，包括作为读者的我。跟着作者的独白读下去，最初，我们都还有一些愤怒。

但读到这个故事的中间，我才明白主人公的苦衷。

到了最后，因麻风病失明的斯特里克兰德坐在壁画环绕的大溪地岛土屋的肃穆景象，相信所有人都会被深深震撼、感动。

多么可悲啊！我们的生活日复一日，几乎没有任何新意，我相信在我们身边也存在这样一些人，他们有稳定而体面的工作，幸福且美满的家庭，但有一天，这些居然成为他们最想摆脱的负累。

可我们依然忍不住想问，难道这不是所有人梦寐以求的生活吗？

这是一个愿意为梦想放弃一切的人，他理应得到生活的馈赠。但他没有，没有人在意他是谁，认识他的人除了猜疑和嘲讽他，没有人认真停下来看看他的画。

直到他死后，他的天赋才被世界认可。

事实上，他只能去画画，不是为了成功，而是因为内心的驱动，因为他画画的时候并无快感，他的灵魂备受折磨，他说自己"必须画画，就像溺水的人必须挣扎"，只有把一切画出来，他的心才能得到片刻的平静和喘息。

所以，每当有人评价说《月亮和六便士》是一个关于理想和现实的故事时，我都不以为然，这分明讲述的是一个天才画家从众人中间脱离，并一点点找到自己，重新做回自己的故事。这其中的勇气和纠结暂且不提，最可贵的是，他走出人群后的那股冷漠，就像他从未在这个世界上生活过一样。

别人的人生都是在不断地做加法，拥有更多，只有他一个人在不停地做减法，直到他没有可丢弃的东西，来面对这个世界。

我们为这个勇敢的人鼓掌吧，打开这本书，安静地读这个故事，相信你也会被触动——

小说里的那个"我"问他："难道你不爱你的孩子们吗？"

他说："我对他们没有特殊感情。"

"我"再问他："难道你连爱情都不需要吗？"

他说："爱情只会干扰我画画。"

或许没有人会喜欢这样的人，都会觉得他没有责任心。但他的确是一个绘画天才，满地都是六便士，他却看到了月亮。

这个世界上看到六便士的人很多，看到月亮的人却寥寥无几。

毛姆四十五岁时，创作了《月亮和六便士》，这是他全盛时期的作品，也是他最重要的代表作。这本书主角的原型是高更，事实上，毛姆创作这本书时，高更已经去世十多年了。

回首高更的一生，《月亮和六便士》中的男主角斯特里克兰德就是他人生的缩影。

高更二十三岁当上了股票经纪人，并娶了美丽的丹麦女孩为妻，当处于人生巅峰时，他却毅然离开了家。他前往异国他乡，在南太平洋的塔希提岛住了下来，甚至娶了当地的土著女人。最终，高更潦倒至极，曾孤身前往很多地方，客死他乡……

那么，为什么毛姆要选择写高更的故事呢？这其中的渊源又是什么？

值得注意的是，《月亮和六便士》中的叙述者"我"见到斯特里克兰德时是二十三岁，那么毛姆现实中的二十三岁时，高更在塔希提岛刚开创了他伟大的画作。

毛姆和高更应该是毫无交集的，触动毛姆心弦的，应该是1916年他曾前往南太平洋去写他的另一本剧作《人生的枷锁》，他写作时，恰好也在高更曾待过的岛屿生活过，他感受到了高更当时的激情以及残留的余温，他只能用自己最擅长的方式将这些记录下来。

现实中的毛姆也是一个理想主义者，他弃医从文，早年的创作经历让他穷困潦倒，于是，他转而去创作戏剧，并成为伦敦红极一时的剧作家。

遗憾的是，这并不是毛姆想要的生活，因为他的生活源自贫民，他更了解贫民的生活，而不是上流社会的风情喜剧，他想去写真正的生命、真实的感受，但上流社会的人却不需要看这些，于是他备受煎熬。

所以，这也是他创作《月亮和六便士》的一个初衷，他想卸下神圣的外衣，打破上流社会的奢华生活，让上流社会的人走到贫民中去，去感受真正的自己。与其说是让斯特里克兰德去感受，不如说这就是毛姆的内心所想。

真实的毛姆其实并不反对物质生活，他是极其在意六便士的，甚至追求舒适的物质生活。毛姆早年的生活虽然并不艰难，却相当清苦。在很长一段时间里，他和朋友合租，住在伦敦一套小小的公寓里，虽然租金仅需要一英镑，他却经常缴纳不上。

后来，他声名鹊起，日进斗金，过上了奢华的生活，三十六岁那年，他甚至花八千英镑买下了海德公园的一处豪宅，他的朋友们都赞不绝口，声称这里是最理想的写作地点。

我们来看毛姆的小说，是非常有特点的。有的作家会写真实的生活，笔下书写的就是他们真实的人生；有的作家写的是杜撰的人生，关于自己绝对深藏不露。

毛姆就在真实和虚假之间游刃有余地写着，你永远不知道他写的是自己，还是别人，是他真实的人生，还是他虚构的别人的人生。

我依然认为，他写的其实就是自己的一切独白。

但凡想让别人感激的，必然是要失望的

1

玫瑰要和男朋友分手，说要来投奔我。

我问她分手的原因是什么。

她说："不是不爱了，是他无法给我更好的爱了。这些年，我一直跟着他住在租的房子里，我存了一笔数目不小的钱，想去留学，想去旅行，想去更远的世界看看。我属于那种必须要努力向上的人，我不能忍受自己一成不变。小时候跟着奶奶长大，读大学没报好志愿，找男朋友也不如愿，现在留学可能是唯一能改变我命运的路了，我不能再让他拖我的后腿了。"

这是一个积极谋求改变的好姑娘，我理解玫瑰向上的心理，却无法接受她这番说辞。她存的钱中，藏着男朋友默默付出的辛苦，只是她自己不再承认。

当你觉得生活轻松时，多半是有人为你承担了许多。这些年来，玫瑰和男朋友同居，吃喝拉撒睡其实都是他来消费，她负责貌美如花，顺便存了钱，要去留学。这对玫瑰来说，两全其美。

分手时，不出我所料，玫瑰的男朋友果然找我哭诉自己的付出，说玫瑰说走就走，实在任性，她留学之时，就是分别之际啊。

我安慰他，爱情就是一种伟大的付出，不求回报的那种。但凡你想要一丝丝感激，都会对人性失望。此时分别，你们没有争吵，就已经实属万幸。我读过太多恩将仇报的故事，见过太多在爱情中反目成仇的人，所以，分别时，不妨有些仪式感，一定不要细算。

可玫瑰的男友偏偏不听我的劝告，他依然冒着失去最后一点好感的危险，向玫瑰借钱，说是想要买房。结果玫瑰不仅拒绝了这个请求，还提前搬出了他租住的房子，投奔我。

2

其实，我在北京的小屋曾收留过很多人。

一些朋友初来北京，想暂时在我这里落脚，我都会说："来吧，来住吧。"还有一些朋友交不上房租，想暂时在我这里"避难"，我依然会说："来吧。"

我的小屋并不算大，但它很温暖。我仔细算了一下，这里应该住过二十多个朋友。一些人我已经忘记了他们的名字，他们早已淡出我的生活。还有一些女孩，我后来曾给她们留言，却发现自己被拉黑了。

一开始，我很愤怒，思考的问题不外乎：人为何如此自私、决然？这些不知感恩的家伙。随着年岁的增长，我却开始庆幸一些人的离开。

人生成长的过程可以做加法，也可以做减法，只是选择不同。既然我们强留不住那些本该分道扬镳的人，又为何要为他们的离开而伤神。

一些朋友或恋人分别时，最喜欢说："我曾经为那个人付出所有，没想到人家说走就走，忘恩负义的家伙。"

没错，他就是那样自私、无情，转身就忘，这就是人性的弱点。但我不期待你因为一个人的离开改变最初的你。**因为人生最大的遗憾，不是错过最好的人，而是当你遇到更好的人时，却已经把最好的自己用完了。**

3

前几天，看到豆瓣上有沈星对朴树的采访。钱，好像成为困扰朴树的主要原因，这段时间比较火的一个帖子是"朴树，知道你穷，没想到你穷成这样"，里面描述了他不舍得用智能手机，穿一百来块的鞋子，等等。

而且他特别坦诚，一次演出，主持人问他为何来帮帮唱，他说这段时间挺缺钱的。一个少年住在他的隔壁，跟他借钱，他借给少年三十万，结果少年跑了。身边的朋友按捺不住，四处追查那个少年的下落，才知道他早已花光了钱，在外地打工。朴树只说了一句话："我告诉你啊，你还不起钱，就不要来见我。"

我觉得可能会如他所愿。

朴树的吉他手得了胰腺癌，他带着他四处求医。朴树的经纪人问他："这几个月的治疗，会花掉你几年的收入。你要想清楚了，你卡里的钱根本不够。"

他却回答："不够我们就去签公司，卖身嘛。跟救人比起来，合约算什么！"

可能这就是朴树年过四十依然如少年，依然打动我们的地方。他即使没钱，也要活得坦荡荡，帮助过别人，却从不期待他人回报，如大哥般对着他怒吼一声，自此江湖再不相见。

他可以放弃自由、坚持、理想，去妥协，只为了救助朋友。这种江湖侠气，可能是我们一辈子学不来的。因为好多东西你我都放不下，喜欢去比较，一直有比较，不仅期待你帮助过的人前来感恩，还特希望上天安排几个大贵人前来相助。所以，多半会对别人或自己失望。

4

写到这里，想到一个问题：既然我们不求回报，不期待朋友念得自己，那我们结交朋友的原因又是什么，我们期待从这段感情中获得什么？

几年前，英国《泰晤士报》曾公开征求一个问题的答案，题目这样写道："从伦敦到罗马，最短的道路是什么？"人们拿起地图和放大镜，试图从地理位置上寻找突破口，最后发现只有一个答案是正确的，那就是："一个好朋友。"

"一个人可以走得很快，但是一群人可以走得更远。"原来**旅途中最快乐的事情是一群人陪着你，边走边笑，走到一个目的地，然后分道扬镳**。因为年轻，因为选择，因为欲望，我们的目的地会改变，会有不同，所以，不妨把人生路上遇见过的朋友，帮助过你的人，都当成陪你一段路的伙伴。

没有人软弱到不能帮助别人，也没有人刚强到不需要别人的帮助。可能分享的快乐可以带给人双倍的快乐，去分担一个人的痛苦，那个人就会减少一半的苦难。努力去结交志同道合的朋友，花一些时间成为别人需要的朋友。但一定要明白，不要对朋友有太多要求，更不要渴望他们会回报你的款待。

如同一个作者写的一个小故事。她在台湾问路，对方并不知道怎么走，他立马开始打电话问朋友，她说："不用了，太麻烦您了。"他说："不会啊，这样下次再有人问，我就知道怎么走了。"

对，就这样来想朋友，在某个时刻，我们用心地陪着他走了一段路。

我们未来肯定会有不同，不管他怎么选择，我都希望他幸福。如此想法，就已足够。

热爱才是你成长的脚印

1

一个研究生从清华大学美术学院毕业后，从事的工作非常简单，就是校对色卡。每天面对几千张色卡，挑出不同的颜色，然后告诉老板几十种大红色的不同点在什么地方，我们的配饰设计需要哪一种红色。

可能会因为建议不周，或对颜色的认识不全，被老板训骂。

所以他很迷茫：我一个名牌大学毕业的研究生，苦苦求学多年，最后来这里校对色卡。这份简单而重复的工作让人沮丧，我的人生还有救吗？

有，当然有！不过可能只能自己救自己。

校对色卡这个工作本身就带着艺术审美的要求，令人羡慕，如果做好了这项颜色的基础课，去设计行业发展，相信是可行的。

对面的他连连摇头："现在的生活让我绝望。"

别绝望，别沮丧，事无大小，任何一件事情做到极致，都是一种成功。你什么都不缺，缺少的只是你对事物的认知。你听我给你讲我一个朋友收集可口可乐罐的故事吧。

2

张晨大哥是个超级暖爸，他的朋友圈几乎就是他妻子和儿子的秀场。

我和他认识九年了，他是我第一份工作中的同事，在北京，能和同事做朋友，实属不易，能做九年朋友，更是珍贵。每次遇到事情，我们还能聚到一起，还能接听彼此的电话，不过大多数时候，都是他为我出谋划策，每次微信必回，速度还很快。我可能上辈子拯救过银河系吧，不然，怎么可能有这么铁的朋友？

这位大哥吸引我的，其实是他对可乐的热爱，他喜欢收集可乐瓶子，我觉得用"热爱"这个词来形容他，有失水准，他对可乐瓶子的收集应该是一种疯狂的热爱。

他要是看到我这么写，肯定会敲我脑袋，一本正经地说："老妹啊，我爱得不疯狂，我只是平静地收集可乐瓶子。把一件小事做到极致，你就无敌了，懂不懂？"

看，平时都是我安慰别人，但每次能灌我鸡汤、让我平静的人却是他。

他收集瓶子是随遇而安的心态，但他三十多年的坚持、细心、努力，却早已让这件事看起来很疯狂——他因热爱收集可乐瓶子，被邀请去了美国可口可乐总部。2011 年可口可乐一百二十五周年庆典在美国召开，他作为中国可口可乐收藏家代表，受邀访问可口可乐亚特兰大总部，并与 CEO 一起交流了收集者的心得。

他第一次喝到可口可乐是在 1986 年，那一年，他五岁。

他的妈妈单位聚餐，服务员端上来一瓶可乐，那是他第一次见到可乐瓶子，上面还有小羊的图案，妈妈告诉他，那是第六届全运会的标志。他喝完了眼前这瓶跟中药颜色差不多的汽水，迅速做了一个决定，把瓶子带回家，留作纪念。从此，可口可乐的瓶子成为他的收集对象。

还是 1986 年，他看电视，看到挑战者号航天飞机失事的新闻，非常伤心，并发誓长大后要成为一名宇航员。

1990 年，他在学校航天小组的兴趣班知道了一件令自己兴奋的事情：1985 年可口可乐曾制作出特别的易拉罐随同挑战者号登上了太空。这点燃了这个男孩收集这个特别的易拉罐做纪念的欲望。他崇拜那些英雄。为了这个瓶子，他等待了十年。通过在美国 NASA 上班的亲戚，他终于得到了这个"太空罐"。他激动得几天睡不着觉。要知道，当时这款太空罐只有二百个，是用来实验和宣传的。

从一个到十个到一百个，从体育题材到圣诞题材，从上过太空的可口可乐罐到超市新上架的特别包装。张晨大哥活了三十多岁，收集了三十多年，一共收集了八千多款不同的可口可乐瓶罐和纪念品。

可能可口可乐瓶罐对他来说早已是多年的老友，所以他给儿子取名叫"罐罐"。你们若以这个理由给孩子取名字，老婆知道了会臭骂你们一顿，然后改一个特别高大上的名字。可张晨大哥的老婆却特别支持他。

我问她为什么呢。

她说，可口可乐是非常普通的饮料，不管你的身份、地位、职业是什么，甚至不管你的肤色、国籍是什么，你都可以享受它带给你的快乐。你大哥能细心地收集这些细微而美好的事物，是一件好事，这样的男人更重情义。

在受邀去美国可口可乐总部那天，张晨大哥还将印有自己结婚头像的可口可乐罐永久地留在了可口可乐博物馆。

收集 8000 多个可口可乐瓶罐，用了三十多年的时间，他早已成为这里的专家。

只听这个数字，我就觉得他很疯狂。

他告诉我，这一切源于自己对热爱的坚持，每次心情不好或心情特别好的时候，他就喜欢看这一排排可口可乐瓶罐。这里藏着他的青春，他的梦想，他的耐心。仔细想来，收集无大小，最终的赢家是真正的热爱者，是不计回报的收藏者，享受"无用之美"，这才是收藏大家。

3

同样，那个校对色卡的研究生，当你沉迷在颜色之中，专注去做这件事时，你才能感受到真正的乐趣，这种乐趣是非常纯粹的。有一日，真正能区分几十种红色的不同，可能才是你可以去骂老板的时候，也是你可以随心所欲地转换行业之时。

到了那时，你一定不会再抱怨，可能还会感激你的老板，日日夜夜锻炼你学习色彩的能力，并给你提供了那么好的平台。

特别喜欢《一个人的博物馆》这本书，里面描述了作者的一些创作感受。她就是不停地画啊，不停地画，不问前程。其实你看到的插画师、作家、音乐家，他们的生活就是每天沉浸在自己的作品中，一天至少写写画画八个小时或者更多。失眠、没有灵感、沮丧、无力、甚至绝望，觉得人生没有突破口，我们经历的苦难，他们一样逃不掉。先是没有灵感，后又到了瓶颈期，而后还要寻找突破口，那是什么支撑着他们前进呢？

专注的力量，热爱，以及在一件事情上重复多次的耐心。

拥有一颗优等的心，它不必华丽，但必须专注。

当期待去依靠时，你就已经输了

1

一直打拼的女孩林筱筱是我的读者，她的终极梦想就是在北京开一家咖啡店。她三十岁时，终于投资了一家咖啡馆，就在北京电影学院旁边。她说，我以后举办活动时，可以去她的咖啡馆坐坐。

我说，好的，有时间一定去。

遗憾的是，不到半年，筱筱的咖啡馆就倒闭了。她攒钱为理想买了一次单，理想却没有如愿，为此她非常沮丧。

林筱筱说，她认识了一个投资人，投资人轻松地给女儿开了一家咖啡馆，从未想过盈利，就是女儿喜欢。筱筱才意识到，自己努力的终点，不过是别人的起点。而且别人玩得起，我们放不下。这中间有个无法逾越的鸿沟，那就是钱，他们有，我们没有。那我们跟别人拼什么？拼努力，筱筱说投资人的女儿也很努力；拼智慧，对方显然不在意经营，只在意能否有个朋友的娱乐场所。看吧，我们看得比命重要的事业，在别人眼中就是一个朋友可以公开聚会的场所。原来，这才是人生的"潜规则"。

筱筱赔了钱，也赔了梦想。她问我，可能我们努力终生，都过不了别人的生活，那我们努力的意义又是什么？可能很多事情就像我们眼前看到的，你用心去做一件事，做很久也不见得会成功。筱筱说，女孩子还是要去寻找一个依靠。

人是群居动物，即使不孤独，也期待有个依靠，哪怕是陪伴。可我们要寻找的不只是依靠，更是安全感。安全感别人给不了，只能自己给自己。

电视剧《我的前半生》就是这样一个故事，子君全心全意地爱着家，做了全职太太，丈夫却抛弃妻子。这部电视剧这么火的原因在于，写出了很多人的心声。都说家是温暖的，丈夫压力大，一天到晚不愿回家，全职太太没有安全感，习惯性抱怨人生。

我们，尤其是女人可以依靠谁呢？只能是自己。

可能筱筱会说，不会啊，你看这个投资人的女儿，要比我们优越得多。她从一出生就有很多机会、很多选择，有很多路可以走。

我们不是她，所以无法了解她的生活。但我相信，她也有自己的苦难，每个人都有自己的路要走。这路上有考验、艰难、潦倒、困苦，只是我们看不到而已。因为人生是一面三棱镜，它是多面的，立体的，我们只看到了一面。

2

我刚来北京时，第一份工作中认识一个女孩，我们年龄相仿，那时她刚留学回来。大概是孤独吧，我们成了无话不说的朋友，她常常邀请我去她家住，她家是复式楼，父母很少在家，常年在国外工作。

我那个时候真的很羡慕她。一次，我们一起吃饭，我说，好羡慕你有个好爸爸。只是简单的一句话，她听了却泪流满面。她说："我不需要有那么强大的爸爸，我走到现在其实依靠的是自己，我在国外也做兼职的。我努力工作，就是不想再被外人说，也不想再活在爸爸的控制下。"

可能是太有钱，太爱自己的女儿，女儿的男朋友，选择的朋友，都要告诉爸爸。虽然爸爸不在身边，但一切都尽在他的掌握中。包括她选择我这个朋友，也要告诉爸爸，征求他的同意。

我清楚地记得，吃饭的时候她对我说，她给爸爸打电话时讲了我的故事，说欣赏我的才华和认真工作的态度。她的爸爸说，认真的女孩可以交往做朋友。她才选择了带我回家，对我好，种种。

可能是我来自小镇，从小自由惯了。我的父母给了我很多爱，信任，自由。我总觉得世界很大，人生有很多种选择，只要我坚持，只要我不怕，我就能过上自己想要的生活。所以，听完她的这番话，我突然觉得，可能我们无法成为朋友，不是阶层，不是有钱或没钱，而是我们对生活的认知是不同的。我渴望的世界是自由翱翔的，通过我的努力来改变一切。而她的生活却是被父亲安排好的。

但她父亲的生活却是不被约束的。她发现父亲一直有情人，在外面一直有另外一个家。她发现母亲一直有抑郁症，却隐瞒她。即使她发现了这一切，却无能为力，只好假装不知道，把自己锁在自己的世界里。

她的生活是优越的，但也不像我们外人想象的那么美好。可能我们不了解其他人的生活时，总会加一些自己的想象。这些想象的虚幻，远大于生活本身的优越感。

每个人的人生都有自己的磨难，谁也不比谁优越多少，可能人人都在寻找依靠，可能人人都会落空。

3

真实的人生永远这么残忍。你可能在一个大城市待十年、十五年，最终还是一个人来，拖家带口地回去。正如人所说，贫穷的年轻人在北上广奋斗的意义，或许就是寻找一个伴，然后回家。不管在任何年龄，你都可能创业失败，输掉所有，然后一个人回家。

可一切总归有收获。

没有寒冷，就体会不到温暖。没有漂泊，就不会深刻地理解家的意义。

人生的意义在于尝试、探索、体验、经历。毕竟一个人去打拼，很多时候都是背水一战，万事靠自己。如果赢了，不仅仅是人格上的胜利，还是自己对自己能力和心智的肯定；如果输了，也没有关系，我们积攒了经验，成长的路上，早早地体会痛苦是好的，这让人坚强，也让人不再盲目，更能找到内心所需。

要永远记住，正是那些打拼的时光成全了我们，正是那些孤独求索的日子塑造了我们，感谢漂泊，让我们认识了不同的人，不同的人生，让我们拥有了同理心。群聚守嘴，独处守心，有些事情我们只能一个人去面对，一些话只能藏在心里对自己说。正是这些无助、孤独的时光，让我们更珍惜每一次相聚，珍惜每一点拥有。

以上种种的意义，远远大于你去依靠一个人。

这个世界上最可靠的永远是自己的学习能力，马云最近做了一次演讲，说三十年后，我们的后代可能都会失业，机器人会替代他们去做很多事情。仔细想来，用不了那么久，一份职业的更新换代，只需要三五年的时间，甚至更短。

与其依靠别人，不如提升自己的学习能力，让自己踏实努力。靠自己打拼得来的一切，才是安全感，才是真正的依靠。

一切都如今年李嘉诚在汕头大学的毕业演讲中所说："愚人只知道'为'（to do），智者有愿力，把'为'（to do）变'成为'（to be）。'愿力一族'是如何修炼？如何处世？如何存在？愚人常常抱怨，变得墨守成规是被逼出来的，被制度营役、被繁文缛节捆绑、被不可承受的期望压至透不过气；他们渴望'赢在起跑线上'，希望有个富爸加上天赋的优越组合，认为'人能弘道'、改变尘世复杂和无可奈何的扭曲太负重，'道能弘人'肯定更舒服。有这样的心态，他们已'输在起跑线上'。传统中国的智慧告诫我们命与运是互动交织的，拥有一切，也可以一无所有。懂得'善择'才是打造自己命运的保证。"

对了，他演讲的主题是：希望有个富爸的人，已经输在了起跑线。

以此共勉。

这个世界一定会犒赏会学习的人

1

那天晚上，我加班到很晚才回家。坐地铁时，看到一句广告词："这个时代一定会犒赏会学习的人"。

这个"会"字，我觉得比"认真"两个字要强大许多。会，是一种学习方法的精通，毕竟我们身边不乏认真的人。看看我们周围的人群，并不是所有人都拿着手机在地铁上看电视剧、打游戏，还是有很多人在利用手机来学习。

我身边也不乏要去深造、要去留学、要去进修的年轻人，他们在朋友圈晒自己的努力，每天打卡来记录自己学习的步伐。可为什么一个朋友学习了半年，依然没有考过雅思？为什么一些朋友学英语学了三年，口语表达还是不顺畅？很多人并不一定能因此学得很好，或者很精通。

我想了一下，可能不是我们不努力，可努力也分为很多种，用心、学习方法、自律，等等，都是最重要的支撑。其中，学习方式才是最考验一个人的基本功。

2

我曾听过《超级演说家》的演讲，一个女英语老师演讲的主题是《和世界豪赌一次》，她说："拜托，相信自己一点好不好，相信这个世界一点好不好。你我已经如此平凡，我们为什么不凭借自己简单干净的逻辑和这个世界豪赌一场？"

她之所以这么演讲，是想告诉大家一个逻辑，那就是学习英文的逻辑。

她教过的学生，每天都在背诵单词，每天都起得很早，很辛苦，很努力，但是方法却是错误的。半年过去，一些学生的书的前半部分被翻到几乎烂掉，后半部分却崭新如初。还有一些学生，给自己列了一个很详细的计划，每天都坚持要背诵十个单词，却敌不过好朋友邀请他去玩，一拖再拖。一个星期过去了，发现自己背诵的单词不到二十个；一个月过去了，发现自己背诵的单词还是那二三十个。于是心虚，怪英语太难学了，自己年龄大了，还有一个遗憾是，语境不佳，周围人没有说英文的，等等。

我们只是看起来很努力，如果只是用错误的方式去学习，是永远也不可能进步的。

那个英语老师提出了自己的学习方法，那就是集中一个月或更短的时间去反复背诵一本单词书。固定一个时间，每天大量突击。像个傻瓜，像个疯子，甚至像个机器一样去背诵。经过这种地狱式的单词背诵，你会发现这个月过后，你居然看懂了很多单词，英语如同上了一个新台阶。

3

她这种集中式的学习方式，也是我一个同事所经历的。

她去留学之前，努力学了五百个学时，口语还是很差。于是，她找了一个外教，每天陪着她练习法语，坚持了一两个月。后来到了法国，她跟我说，多亏了那个法语外教，现在她走在街头，虽然交流上还是有障碍，但至少能听懂别人在说什么。

我问她在法国街头的感觉是什么。

她回答，风景很美，人很友善，看起来慢吞吞的一个城市，至少比北京散漫。要感谢自己的选择，在最短的时间内学习，给了人生另一种可能。也许最终不会待在这里，但会珍惜这段经历。

听完她的回答，我想起自己一个大学同学，毕业九年了，她还在考研究生，一边工作，一边考，考了九年，还是未果。当然，我必须佩服她的毅力，坚持九年。其次，我觉得她大多时间都被浪费了。她曾说过，考不上的话还有工作，至少不会没地方可去。多半情况下，当你决定去做一件事的时候，千万不能给自己留后路。

我们不难发现一个问题，很多人的学习计划都列得太久了。我每次听到一些人说自己要用一年、两年甚至三年的时间去做一件事，都觉得恐慌，在这个职业日新月异的时代，可能半年内就会出现新的职业方向，你还没有努力达成愿景，那边已经不需要你这种人才了。所以，想到就要去做，不要迟疑，不要拖延。

4

每个人想要做的事情都太多了。我在2016年的新年曾列下了很多计划，发誓要做优秀的斜杠青年。只看我的计划表，我可能自己都会爱上自己。我有以下计划：用一到两年的时间学会弹钢琴；写两本书，一本小说；去十个地方旅行；做一百场公开演讲；认识十个不同领域的朋友……

我去学钢琴的时候，发现自己的计划其实是有漏洞的。我的钢琴老师要求我每天都去练习两个小时，用两个月的时间突破一首曲目。然后，他让我选择自己最喜欢的钢琴曲，给我弹了一遍，问我："好听吗？"

我说："好听。"

"好的，我们用两个月时间来突破这首曲目，要对自己有信心。一两年来学会钢琴，时间的拖延，并不会让你学会，反而会让你排斥你想学的东西。"

可是用两个月的时间来弹我最喜欢的《卡农》，我还是觉得不可思议，无法实现。于是，我内心忐忑，心想不如跟着他练习一番，试试看。坚持的结果，我深有体会，每天固定两个小时，仅仅是这样，就可以打败许多人。毕竟从晚上七点到九点，真的诱惑太多，我要一一去除扰乱因素，同事的聚会、朋友的聚餐、去商场购物的欲望、想躺下来睡觉偷懒，等等。

但我还是把以上干扰因素一一排除，坚持了两个月，奇迹发生了，我反反复复学习的这首曲目，我居然会弹了。

当我流畅地弹出那首钢琴曲的时候，我激动到泪流满面，这是我一直以来的心愿。我从未想过，在二十九岁这一年，我觉得自己的手指僵硬，无法认真去学一件事的时候，我能够认真而安静地坐下来，并坚持下来。

当然，学会之后，还要反复练习，那一年，我只学会了弹钢琴，也爱上了弹钢琴。其他的计划都没有完成，但我并不觉得遗憾。有时我们无法一下子做好很多事情，这可能是因为我们的计划安排得太满了。还是如那个发誓与自己豪赌一场的英文老师所言，**你要集中所有的精力、时间，去做一件事，任何的分散，只能是干扰。**

5

作者招财猫，为了突击一本小说的样张。他从下午四点写到凌晨六点，写了两万个字，然后安心地跑到肯德基吃了一个早餐。

我很惊讶，问他怎么做到的，毕竟两万个字，是我十天甚至更久都无法完成的字数。

他说，集中精力去突破自己。一旦有你想要的东西，你就会拼尽全力，不睡觉算什么，哪有比赢了的感觉更棒！

　　后来，我在朋友圈看到一些作者在最后的交稿阶段会跑到二十四小时书店，待上一段时间。我渐渐明白了，集中精力，用最短的时间去突破自己，坚持下来，与自己豪赌一场的人才最有勇气。

　　这个世界一定会犒赏会学习的人，也会惩罚那个看起来很认真学习却一无所获的人。

坚持你对一件事物的热望

1

曾记得一个女孩问我，靠文字真的能养活自己吗？

我说，能，只要你热爱，并对它有一定的热望，就一定能。但是你要走过很辛苦的一段路，你要坚持很久，可能是三五年，也可能更久。

她斩钉截铁地说，那没关系，我可以一边写一边等待机会，不求名利，只为热爱。

过了不到三个月，她又来问我新的问题，我最近爱上了钢琴，你觉得多久能学会弹钢琴？

我无言以对。

快节奏的生活压力，快餐式的生活方式，令我们心浮气躁。很多时候，若你转变太快，无法坚持，就不能体会一件事物的美好。今天爱写作，明天爱音乐，如此姿态，可能是你还没有找到内心真正的归属。

当你爱上一个事物时，你的内心会有一束光，指引着你找到方向。

就像我热爱文学，每天我都要沉浸其中，去阅读，去写作，去与人交流对这个世界的看法，就在这久而久之的坚持过程中，你却能体会到文学给予你的力量。它能安慰你，鼓励你，可能全世界都背叛你，它还是你最忠诚的朋友。

所以，当你喜欢一个东西时，一定要珍惜最初的热望，并坚持下去。

只有坚持下去，你才能得到它给予你的能量，若中途放弃，此前的所有付出也都变得白费力气。

2

看过一个故事，很感动。一个编制中国结的女老师年岁已高，满头白发，皱纹攀上了她的容颜，但眼中依然有光亮。她出生在一个艺术之家，却迷恋编制。

父亲对她的期待是希望她成为歌唱家，她却未能如父亲所愿，反而成了一个手工艺人。二十世纪九十年代中期，老师在国营单位上班，一到休息之时，便跑到红桥市场去搜寻可用作编织的绳子。

一天，她看到柜台中间摆了一个工艺精美的中国结，立刻被吸引。随后，她便经常来到这里，寻找编织这个中国结的老师。最终，她等到那位手工艺人，向他讨教了许多中国结的编制手法。

上古时期，中国人以结绳记事，这是中国结的起源，后到唐宋时，中国结被广泛应用，明清时又是一股热潮。民国时期，中国结以盘扣出现。

中国结至今，多靠自学成才，苦钻技艺。

这位女老师从艺几十年，一心偏爱中国结，从未想过以此赢利，作品大多用来展览。她说的一句话更是动人心："做手艺最重要的就是心里干净。只有心里通透了，才能做到手眼合一。"

突然觉得大多数人口口声声说的热爱，与这位女老师一生的执着相比，不值一提。

这是一个很容易失去自我的时代，我们一睁开眼睛，就希望看见新的事物、新的东西，反而逐渐忘记了自己的初心。我们希望更新更快的游戏，设计更潮流的衣物，期待遇见更有趣的人和灵魂，反而不太会珍惜自己的所得，坚持自己最想做的事情。

假如你真的喜欢文字或音乐，或想成为某个领域的专家，要扪心自问，你愿意拿一生豪赌吗？

除了豪赌，还要坚持豪赌。这真的是一件挺难的事情。

3

你必须找到你的使命，即你对一件事情的忠诚。

即使你面对其他诱惑，也不会改变，即使你忘记所有，也要每天见到它。

除此，你还要对其无所求，就是心甘情愿地去做，并不指望它带给你任何。

满足以上三点后，可能你所需要和相求的东西才会迎面而来。

一个名人在飞机上看着一碗白米饭泪流满面，这不是矫情，也不是演戏，而是一种入戏。此时，他放空自己，感受自己的无能为力，无欲无求，才能从最朴素的物质中寻找到一种感动。

就像我最初写作，我一直在内心喊着的口号不过是，要在最短的时间内突破，成为多么牛气的作者，等等。如今想来，真是轻狂。能够每天安静，静心，能够日日写作，阅读，便是一种幸福。与他人的是否认可无关，与世界是否给予掌声无关，而是自己是否能坚持做这件事。

一个一直减肥的胖子，反复折腾三年，最终还是没瘦下来。她问我，大学时，怎么一下减掉了三十多斤，并一直维持在百斤左右的体重。

我说了两个字，坚持。

这两个字蕴含的力量大于一切。可惜，很多人都做不到。

坚持让自己不吃晚饭，坚持去跑步，坚持去做瑜伽，坚持站立时舒展你的身体，坚持走路时收腹，坚持在美食面前住口，坚持减少晚上聚餐的次数……以上种种，若能坚持一条，便能成功。

坚持的最初是最难的，一旦形成习惯，就成为生活的日常。若最初是肥肉控制你，到了最后，就是你控制自己的体重，你会享受那种感觉，因为身体很轻便舒服。更重要的是，镜子中的你比以往任何时候都要好看百倍，穿上任何衣服都是坚实的铠甲，不用像过去那般颇费心思地藏肥肉。

4

坚持就是毅力的体现。但有毅力的人从不觉得坚持是苦，反而觉得这不过是日常。

我在豆瓣上看过一期节目，有人问彭于晏，你从那么胖到这么瘦，你从奶油小生到实力演员，去减肥瘦身，去表演打戏，你不觉得辛苦吗？

彭于晏简单地丢来一句，没觉得辛苦，这不过是我生活的日常啊！

原来坚持最大的意义是，享受其中的乐趣，享受你控制自己的感觉。

可爱的年轻人，不要再问我，什么才艺可以让你终身受益，并能养活你。任何都可以，只要你坚持去做，坚持去爱，从不放弃。

若一个人不能控制自己，就必然被其他人控制，或被其他替代物控制。比如美食，暴力，权利，或者抑郁。人必须服从一样东西，才不会觉得孤独，我希望你服从自己的内心，以及热望。

从来没有一条坦途，是通往梦想的路

我随大学老师，一个艺术家去大山里写生，一路颠簸，我们走到大山深处，几多辛苦，非常疲惫，来到一处人家，看到屋里一个男孩在昏暗的灯光下画画。

我们走进去，看到男孩，鼓励他。他却沉默不语，用眼泪给予回答。

我们问他为何，他大概的意思是说，即便那么喜爱画画，还是无法改变什么。我们问他最想要的是什么，他说，很快长大，很快成功，很快走出大山，很快实现梦想，很快……

几乎每个答案里，都有很快，仿佛一棵树刚刚站稳，就想成为参天大树。

我的大学老师感慨万千，他说在少年紧缩的眉头中看到了自己的许多往事。他告诉少年，不妨放慢脚步，坚持匀速前进，要一直画。

少年不解，默默看书，头也不回，只当我们是城市的看客，生活的局外人，不懂这山中生存的艰难。

　　我的老师提议可以给少年寄一些画画的书，让他模仿着去画。少年却早熟地说，只是走出这山，几乎都得要了人半条命啊。靠画画，能走出去吗？再过一段时日，他就是家中最好的劳动力了。

　　少年不知，他眼前的这位大学老师分明就是从山中走出的男孩。他年少时，曾立志当一个画家，无奈家中穷困，他就在那小房子里画画，画大山，画云朵，画亲人。十三岁，母亲去世，奶奶重病，他随外出打工的父亲来到城市谋生，赚钱，给奶奶治病。最苦的时候，他陪着父亲一起捡破烂，收垃圾。

　　那时的他正处于叛逆期，他满心抱怨命运的不公，为何偏偏选择自己，为何偏偏考验自己，他为何不能像城市的少年一样惬意地生活、读书、画画。

　　他问过父亲这个问题，父亲回答："其实我们来这个城市谋生的时刻，已是改变命运时。"

　　之后，他捡到的第一本书，恰是一本图画书。他如获至宝，开始觉得捡垃圾真是一件好差事，居然能够捡到书。以后的每个黄昏，站在垃圾堆旁边的他，都期待捡到书，尤其是图画书。可能是书非借不能读，他看得认真，逐字阅读，逐字背诵，模仿书上的插图画画。

　　如此，他们居然在城市中安定生活下来。他有了后母，上了学，至少从表面看，他的生活已与城市少年无异。

　　或许是内心特别热爱画画，这个特长一路陪他，吸引了许多人的关注。他读了美院，成了小有名气的艺术家，越来越多的人仰慕他，把"天赋""天才"等美好的词汇用在他身上，给他许多赞美。他有过掌声，有过膨胀，有过前进，有过退缩，而他明白自己永远是山中那个热爱画画的男孩。

命运总有改变的那一刻，多年后，他悟出，父亲带他离开大山并不是决定命运的时刻，反而是他多年的坚持，他一直轻轻敲门的时刻。

突然想起自己曾前往宁夏讲课，一个高中男孩听完我的讲座，私下特意跑来问我："老师，我只是走过这寒门，就非常之难。我还想成为作家，四处游学，我的梦想很大，想走的路很远，是否一一都能实现？我羡慕很多人，现在唯一心焦的是，我为什么不能快快长大，拥有更多的选择权。"说道情深处，他几乎落泪。

可很多事情偏偏急不来。即使你我快速长大，也不见得会拥有如期待般强大的力量，也不见得自由，或在选择之间游刃自如。

我们拥有梦想时难，实现时难，放弃时会更难。唯有把所有希望都寄托在时间上，希望实现梦想的时间很短，短到瞬间就能梦想成真，短到眨眼就能拥有神奇的力量。

可我们必须在时间的长河中去经历，去跌倒，去受伤，去珍惜，去遗忘。人最可悲的不是你可以拥有多少无望的梦想，而是你走着走着，会怀疑努力的意义，并丢掉初心。

我相信，此时看我文字的你，也一定走过很远的路，走了很长时间。

或许最初你想要的生活，你早已不屑一顾，你最初坚持要成为的那种人，偏偏背道而驰。不敢回望，不敢看从前的时光，怕对自己失望，更怕对生活失去信心。我一直认为，这才是人生最残忍的事实。

我认为生在寒门，或生在大山深处，生在任何起点，都不是最主要的因素。除了拼爹，我们更要拼自己，拼一种韧性。韧性，是承受，是你可以接受的所有。是不管生活给你怎样的考验，你都能走出属于自己的路。虽然这是一个唯快为尊的时代，我们仍要在快节奏的生活中懂得慢慢成长的意义。

你看到的那些很棒的人，那些闪闪发光的人，那些可望而不可即的人，他们光鲜亮丽的外表，只是你欣赏到的外在。每个人内里无不在品尝辛苦，且不足与外人说。

走在这路上，我们把光一点点迎来的过程，就是轻轻敲门的时刻。

不要觉得忧伤，也不要觉得一切漫漫无期。"轻轻"是个很美的词，我们的力量或缓或重，梦想或大或小，在未来的这扇门前，可能都是很细微的动作。

那扇门终将会被打开，可能会以你期待的方式，也可能有它自己想展示的风景。

我们想一步到达的远方，想一下就做好的事情，想一步就迎到的恋人，想一出生就拥有的财富和平坦之路，都不会那么顺利。

从现实到期待，从期待到实现，总觉得人生像个抛物线，从开始抛出，到落地的那一瞬间，如同过山车般，你要享受在高处时的快乐，也要安然承受在低处时的难过。

你要永远记得，改变人生的时刻，与任何无关。它其实是你一直轻轻敲门的努力，是你对一件事物的真心热爱，是你永远不可能放下的梦想，更是你坚持的力量。

若我失败了，可否给我一个拥抱

1

在一期节目上，何洁含着泪说了一句"我再也不会结婚了"，道尽了失望和痛苦。她说话的瞬间，努力仰着头不让眼泪流下来，而后趴下，又抬起头来。这个场景我看了很多遍，满是心酸，毕竟她是我一直默默关注的歌手，我喜欢她的笑容，她的眼睛像月亮般清秀。我一直觉得她本应该是一直快乐的，可岁月从不肯饶过谁。

她的几个朋友、哥哥们，就坐在一旁，看似关心地开导她："其实婚姻失败，一定是两个人的不对，咱们也有自己的原因。我们得正视自己的问题，找到原因。"

言外之意，以后不要再犯同样的错误，改正自己的缺陷，才能获得圆满的人生。

我觉得，这些朋友好心的行为，可能是何洁说出那句狠话的重要原因。你不知道她的人生究竟经历了怎样的黑暗，多少夜晚，她要忍住眼泪，斗智斗勇，努力让自己清醒，就不要劝她人生美好，且行且珍惜。

当一个人真正伤心，或觉得自己很失败的时候，可能她只需要一个拥抱，你却给了她更多的烦恼。

关于人生的道理、鸡汤，统统见鬼去吧。可能此时，她并不需要别人的言语来证明什么。

有时，我在想，人这一辈子可能就是抛物线，不断地被快乐、幸福的事情抛到最高点，然后再跌到最低点，周而复始。我们就在这抛物线上走来走去，享受最高点带来的纯粹快乐，也感受最低谷的痛苦。

似乎人生从来就没有过安稳的时刻。命运从不曾饶过谁，从不肯放过谁。

我们比任何人都清楚，这个世界上除了生和死这两件重要的事情，还有另外一件更为重要的事情，那就是结婚。

结婚之所以比生死重要，在于它可以选择。生死却无法选择。

人们往往会在结婚这件事上非常慎重，你选择的另一半决定了你这一生的生活质量和生活目标。活着，可以很简单，只要舒服相伴。活着，也会很累，免不了琐事与争吵。

2

这让我想起了大学同学阿牧在我们面前痛哭的情景。

阿牧毕业时，为了心爱的女友，特意跑到新疆创业，种某种树。折腾几年，女友还是抵不过家人的劝阻，嫁给了当地人。当时阿牧创业失败，可谓失意非常。他似乎再无留在新疆的理由，于是一个人坐着火车，把所有的悲伤和失望一起扛了回来。

见到老朋友，大家寒暄几句之后，便开始另一种变相的质问和关怀。

阿牧只好解释："我只是觉得累了，想休息一段时间。"

其中一个同学说："你觉得累便停下脚步，其实你还可以撑着继续走一段路，就像一个怪力男正在舞台上竭尽全力慢慢举起一个杠铃，这时，一个孩子走上台阶，前一秒钟，怪力男还在费力地举着杠铃，下一秒，他居然轻易地举着杠铃讪讪地离开了。原来，他并没有那么累，只是假装身负重担。你要思考自己的累，是否也有如此情形。"

一个创业成功的朋友接着说："你去新疆创业时，我曾阻拦你。你去疯狂地追求那个女孩时，我也曾劝过你。可惜你都不听我的建议，哪怕我这建议是中肯的。可能你还会继续跌倒，因为你从未想过要听任何人的话。你太自我，太任性。"

大家七嘴八舌，但这一刻，大家都很真诚。可能是暖酒下肚，人就容易多言。也可能是夜色微醺，人就容易真情流露。

一旁的阿牧一开始还有耐心去听，听着听着却一脸眼泪。

想反驳，没有话语；想倾听，没有耐心；想诉说，没有人听。只剩下孤独为伴。

那时，我看着他，还未觉得有异样，此时却能感受到他内心的失望。他一个人从新疆失意而归，一无所得，本是期待一场安慰。我们却像一把把猎枪，把他唯一尚存期待朋友的温暖也打得粉碎。

3

我的朋友们，世界太大了，我可能不会成为那个牛气闪闪的人，在这人生路上，我可能会一直绕弯，一边跌倒，一边哭泣，一时迷茫，一时毫无出息。我遇见的苦难，可能比你想象的还要难。我遭遇的人生，可能寸步难行。我对他人难以启齿的事实，就摆在你我面前，请别嘲笑我，也别觉得我让你脸上无光。

我可能只想要一个拥抱，其他的唇枪舌剑对我毫无意义可言。我爱这个世界，是因为你们的存在。倘若你们都站在一起，纷纷指责我的不是，我实在无法面对过去的自己，更没有站起来的勇气。

若是有可能，谁不想一路平顺。

若是有机会，谁不愿一马平川。

可我们不能啊，总是有许多明枪暗剑，分明就在眼前。我们都活在江湖，快意少有，痛苦却连连。

遇见的一些人、一些事，我们也无法分辨这到底是真是假，哪一条路才是不后悔的最佳路径。遇见的风景，我哪一处该停留，哪一处应该快步走过，不应有瓜葛。

很多时候，我真的分不清啊。

所以，一路跌跌撞撞，一路流泪受伤。我跟跟跄跄地走到你身旁，我愿你别把我推向门外，别否定我的所有，也别顷刻间灭掉一个年轻人所有的期待。

假如我失败了，可否与我深情相拥。倘若我不如意，可否听我诉说情怀。假如我在你面前哭，是否能够安慰我，告诉我，人生险恶，但一切终将会慢慢好起来的。

若不能，那就和我一起安安静静地坐着，不说话，一起看风景，也可以让我很平静。

第四章

我曾无条件爱着你

　　可能当你爱上一个人的时候，才愿意去了解，才愿意把自己内心的世界打开。只有那个时候，沟通才是无障碍的。即使没有相同的语言，你仍然能感受到对方的善意和爱，并且不会抗拒它们。

你我守望彼此的孤独就好

1

我在咖啡厅写作，旁边来了一对情侣，男人一直数落女孩，说她本质真坏，脸皮也厚，怀疑自己当时怎么爱上这等女人。随后，男人的妹妹也来了，和这男人一起指责女孩的不是。

从始至终，女孩一直看着他们，只是微笑，并没有说话。

兄妹二人骂完之后便离开了，留下女孩一人买单。我看到她落泪，用纸巾拭去眼泪，我有些心疼，特意跑到她身边，真想抱抱她。且不说这个女孩的对错，仅仅从她优雅的举止和克制的表现上看，她的素养早已彰显。

我想告诉她，离开这两个谩骂你的人吧，女孩，你肯定会遇见真正懂你并且爱你的人。语言可能是利器，会伤害我们，但语言绝对不应该被当作武器去伤害一个人。

大概是因为我从事文字工作，对语言特别敏感，每次走过街头，听到身边的人用语言暴力去伤害其他人时，都会觉得心痛。

从甲骨文开始，文字的用途就是沟通与交流。世人却糟蹋了它，拿来辱骂或羞辱别人。很多人以沟通为名，实则是在伤害，多么可悲！慢慢地我们都不会沟通了。

可总有一些好的沟通方式，让人羡慕、留恋、怀念、向往。

2

我的姐姐，姨妈家的小女儿，是大学老师，教授文学，尤其精通古文。她交往了一个法国人。这个法国人也非常喜欢中国的古典文化，对姐姐很是崇拜。姐姐喜欢法国文化，但不会法文，法国人只会一点简单的中文。

最初，我姨妈是反对他们交往的。她说："女儿不远嫁，更不能嫁给外国人，语言无法沟通，生活习惯也不相同。"

"最重要的是，文化也不同。"向来开明的姨夫也反对道。

姐姐和那个法国人在一起确实有些交流障碍，他们有时说中文，有时说法文，有时说英文。实在无法交流的时候，他们会在纸上画画。但是，人遇见了爱情，世间的一切好像都变得浪漫了。

法国人来姨妈家做客，姨妈一直让他吃饭，他说自己吃饱了。姨妈听不懂，于是，他就在纸上画了一头大象，肚子画得特别大。然后，他摸摸自己的肚子。

姨妈突然就笑了。那次之后，她好像没那么反对姐姐了。她说："你看啊，语言是人类交流的方式，但它又不是唯一的交流方式，我们可以用很多方式来表达自己的情绪和想要做的事情。"

之后，姐姐嫁给了这个法国人，现在一家人过得很幸福。姨妈没有学过法文，但她和女婿的交流从未有过障碍。偶尔碰到姨妈不懂自己心意的时候，姐夫还是能表达自己，他不是画画，就是唱歌，有一次还跳到沙发上，逗得姨妈哈哈大笑。

我就站在局外，看这一家人，像是在表演温馨的舞台剧。

当然，他们之间也有矛盾，也有无法沟通时，也有着急时。这个时候，他们就会慢下来，给予彼此空间。姐姐结婚时说的那句话多么感人："我愿意守护他的孤独，这份孤独是我不了解的法国文化，但我懂他的语言。"

廖一梅说，人和人之间遇见了性，遇见了爱，都不稀罕，稀罕的是遇见了"了解"。这真是难能可贵，**可能当你爱上一个人的时候，才愿意去了解，才愿意把自己内心的世界打开。只有那个时候，沟通才是无障碍的。即使没有相同的语言，你仍然能感受到对方的善意和爱，并且不会抗拒它们。**

3

每天早晨去上班，走出小区都颇费些时间，一路上，我都要不停地跟身边的阿姨们打招呼。阿姨们在小区仅存的一处空旷地锻炼身体。每次我走过，她们都会热情地跟我聊几句。日日如此，从不间断。

我在这简短的交流中，感受到了信任、温暖，也把我对老人的爱传达了出去，我喜欢这样的互动。但也有些老人寂寞地坐在阳台上，看我和锻炼的阿姨们愉快地交流，看阿姨们快乐地跳舞，却不肯走下楼，走出房间。尤其是一些来这个陌生的城市给儿女照看孩子的外地老人，他们的顾虑很多，怕被骗是次要的，他们怕和邻居们无法沟通。

蒋勋先生的《孤独六讲》中写了这么一个故事。

他去法国留学的第一年，在巴黎的南边租了一栋房子。房东是宁波人，在法国开餐馆。一次，他听到房东的妈妈和一个法国老太太在愉快地交流，二人说话速度都很快。蒋勋先生很是羡慕，毕竟那时他到法国才第一年，说话自然结结巴巴。当他停下来细心听的时候才发现，原来房东的妈妈说的是宁波话，她在用另一种方式和眼前的法国老太太交流，那就是唱着说宁波话。

两个老人，一个说法文，一个说中文，交流得很好，没有冲突，也没有争执。蒋勋先生很是羡慕，两种文化下的人在这一刻，有理解，也有共鸣。

很多时候，我们仅凭肢体语言就能把事情说明白。

每次父母来北京看我，我都鼓励他们出去和人交流，我不怕他们被骗，只怕他们孤独。路过窗户下面，看到阳台上那些孤独的老人，我会觉得很可怜。人并非笼中之物，也不该是。人们总是自己给自己制造枷锁，自己给自己制造孤独。若语言不通，还有手势；若手势看不懂，还有微笑。总有一种办法能让我们看懂彼此。

4

曾看过一部老西部电影。女人苦苦等着丈夫回家，一天又一天，一直等了二十年。这二十年里，每天早晨起来，她做的第一件事就是擦拭先生的照片，晚上睡觉前，她还会对照片道晚安。

女人的一生很快就过去了，直到生命的终点，她都没有等到他归来。快要死去时，女人最后一次擦拭照片，淡淡地说："我要带你回家了。"然后，她平静地闭上双眼，离开了这个世界。

结局有些悲惨，那时实在不懂，是什么支撑了她的生命。

后来看到小津安二郎的一本小说，说的是妻子自从嫁给先生之后，一直听从先生的安排和使唤，每当先生需要她的帮助时，她都会徐徐走来，轻声说："嗨！"后来先生老去，离开，每当想念他时，她都会轻轻说一声："嗨！"

这是一种答应，一种侍奉，一种允诺，一种陪伴。这种深沉的爱，好过每日争吵、互相谩骂。即使他们生死相隔，无法用语言沟通，彼此之间的爱和信任却还在。如此，何求？

无所求。

5

突然之间长大，也懂了电影中那个女子内心的情愫，那是一种守望，是一种精神的寄托，或者可以说，那是一种灵魂的抵达。写到这里，我突然觉得，可能遇见了解还不是人生中最可遇不可求的事，遇见灵魂的抵达，才是。

我相信，语言是传达爱与美好的符号，每一个会使用它的人，都能找到自己想要的表达方式。那些玷污它，用它谩骂他人的人，始终不会得到真情实意，更不会拥有美好的灵魂。

学会沟通和表达，不放肆地使用语言去伤害身边的人，是我们一生的必修课。

是什么消磨了我们的感情

1

我最讨厌的事情，就是一些朋友会经常在微信里发群测：不好意思，我正在排除好友，看看是谁删掉了我，假如你收到了这条信息……

每次看到这样的信息，都觉得很可笑，但我几乎每天都会收到这样的测试。由此可见，人对群体、对外界、对别人是多么不信任。

感情不是用来测试的。生活就是这样，一些人来，一些人离开。当一个人选择离开你，尊重他的离开，谢谢他的陪伴，可能会更好。

酒哥有一个有点作的女朋友，小幽。

我们之所以觉得她有点作，是因为她和酒哥吵架时，喜欢删掉或拉黑他。酒哥痛定思痛，来找她，寻求她的原谅，两个人再和好如初。

可男人总有疲倦的时候，尤其是总玩这种"游戏"，难免伤感情。小幽又一次拉黑他时，酒哥没再厚着脸皮去找她，反而默认了这段关系的结束。

小幽慌了，来找我们，寻求帮助："我们之前总是这样，我生气，拉黑他，他再来找我。这次是怎么了？"

酒哥说："没什么，可能感情就在这反反复复中淡了吧。我是个男人，又不是代码，可以一直重来。"

仔细想来，谁会容忍自己心爱的人一直反复用同一种方式来测试自己呢？再说了，就算是真爱，总是测试，也会测出问题。

酒哥和小幽因为小幽的反复拉黑，就此分别了。我们都觉得有些遗憾，虽然酒哥有点爱喝酒，小幽有点任性，但两个人还算般配。可能她每次拉黑他，他的心就失望多一点，也坚硬多一点，要分手的决心也多一点。女孩子说分手，多半是来测试男人爱不爱自己，男人说分开时，一般是真的。

不要盲目地测试一个人，尤其当你信任他并且爱着他的时候。可恋爱中的人智商为零，他们总是想尽办法来测试彼此的爱意，我把这种测试称为折磨。我们都错了，错在认知上，**当你爱一个人，应该去打磨他，而不是折磨他。**

2

阿伦恋爱的时候，每到晚上八点就会准时消失，一直到晚上十点多才会出现。阿伦的男朋友一直很好奇，这个时间点她跑去做什么了，而且是两个多小时，固定的时间。

阿伦就是不说。任凭男朋友怎么"拷问"，她都是一句话："如果没有信任，感情基础是零。"

她的男朋友很气愤："这么说来，这件事的重要性远远大于你对我的感情，对不对？"

阿伦仰起头，宁死不屈地回道："你愿意这么理解，就这么理解吧。"

男朋友以分手相逼，阿伦还是不愿说这个时间点她去做什么了。其实，她也满心委屈，为何他不相信我？

那她究竟去做什么了？这个固定的时间段，从晚上八点到十点，恰好是小情侣约会的时间，可能换一个男人，也会多想。

其实，阿伦每到这个时间就会去学钢琴，因为她的男朋友说过，最喜欢弹钢琴的女孩。他只是随口一说，阿伦却记在心里了。她想等自己学会了，给他一个惊喜。但在惊喜之前，她不能告诉他。如果他怀疑自己，并选择离开，这只能说明他并不爱自己，就让他走。反正自己也不亏，不过是走丢了一个不爱自己的人，而自己却学会了钢琴，一举两得。

阿伦这哪里是惊喜，分明是惊吓。这狗粮吃得我满脸泪水，等以后我有了男朋友，绝不出此绝招，因为太伤感情了。男朋友随口说了一句话，她居然当真，并以此为考验，来分辨他是否真的爱她。

最终两个人分开了。女孩的心思我懂，但我不懂的逻辑是，这分明是一场秀恩爱，为何要闹到分手的境地。男朋友的解释是，他无法接受阿伦的不坦诚。阿伦的解释却是，她无法接受他的不信任。

3

很多爱情走到最终，并非因为不爱，而是因为无效的沟通，以及糟糕的测试。当你决定去测试一段感情时，说明了一个问题，你对这段感情并没有太多信心。你想趁着自己还有优势，没有沦陷之时，去看看对方有多爱你。一般情况下，结果都会让你失望，没有人会一直站在原地等你，即使是真正相爱的人，也会被简单的测试吓跑。爱情中最好的状态，不是两个人犹如惊弓之鸟，而应该像河流中相互陪伴的鸳鸯，顺水而流，看似散漫，却永远走不散。

我从不测试感情，不是因为我对别人绝对信任，而是我相信自己。当我做好自己，成为那个更好的人时，这是最基础的吸引。除此，我相信只要真的爱一个人，爱一个朋友，就是努力对他好，宠爱他，信任他，把所有的爱都给予他。彼此坦诚时，才是爱的真诚。爱只有无私时，才动人。

我看过太多还相爱的人，爱没有结束，冷战却已经开始。还有更为奇葩的是，冷战从头到尾，直接替代了爱，并杀死了爱。

我真的是一个很脆弱的人，当别人对我冷战或不友好时，只要我敏感地感应到，我就会离开这个人，他根本没有机会测试我的感情。所以，我也可以理解别人的脆弱，也从不主动测试一个人、一段感情。

看过身边太多人分分合合，最后不相往来，自己也走过分分合合，如今的体会不过是，爱是去信任，去包容，敞开内心去接纳对方，去真正理解对方。

拿着"武器"去测试一个人，就是自私的行为。

没有人会爱上一个自私的人，人是因为无私才可爱。

你爱的人终究会败给对你好的人

1

看过无数个爱情故事，男人和女人遇见，可能只是顺序的不同，就会有不同的结局。故事可以有变数，但没有变数的结局是，你爱的人终究会败给对你好的人。

打败我们的不是不爱了，而是生活太多琐碎。我爱你的时候，誓言是真实的，若我不再爱你，心意也是真的。就在这爱与不爱之间，你肯定会怀念一个人，那就是对你好的人。

一个叫 Summer 的女孩初夏时给我讲了一个故事。

当 Summer 决定和男朋友立在一起的时候，也意味着她放弃了自己大学的师兄。师兄没什么不好，待她很好。每次她遇见问题，师兄都会挺身而出，关心她，安慰她，帮她解决问题。但女人似乎对待感情又分得特别清楚，她觉得自己对师兄是依赖，绝不是爱。这种依赖除了他们是老乡，还有就是他们一起去柬埔寨待过半年。

她一直和他保持着距离。

因为和他在一起，她从未有过激动、伤心、失落等情绪。爱一定会让人起伏，年轻的时候，她是这么想，而立也的确给了她这样的感觉。快乐的时候很快乐，痛苦的时候很痛苦，但又充满期待。

Summer 和立的爱情轰轰烈烈。她知道立很爱她，但她时常怀念师兄，每次遇到事情，她都会假设师兄遇到类似的事情会怎样处理。

每次 Summer 出差归来，立都不会去接她，她只好给师兄打电话，不管多晚多远，师兄都会开车过来，把她送到家。而立只会酸酸地打一个电话："Hi，你们没有发生什么吧？"

她只好沉默以对，她不会回答这么刻薄的问题，也不会跟一个不信任自己的人解释什么。Summer 是个很独立、要强的女孩，她工作很努力。立却生性散漫，有些顺其自然的慵懒。最初吸引 Summer 的就是立随遇而安的性格，而最终让她失望的却是他那颗不求上进的心。他们在一起时经常争吵，Summer 每次都会伤心哭泣，可她认为这就是爱。

爱的感觉就是伤心。她对我说。

可我的理解恰恰和她相反，爱的感觉可以有伤心，却不止这一种体验。

曾看过这样一段话："当爱情以另外一种方式展现铺陈时，也并非被撕去，而是翻译成了一种更好的语言。上帝派来的那几个译者，名叫机缘、责任、蕴藉、沉默。还有一位，名叫怀恋。"
（《爱情的另一种译法》）

追溯到 Summer 的原生家庭，我听闻她父母相爱的过程，也是母亲很爱父亲，但父亲却风流倜傥，缺乏一定的责任心。父亲虽然在外有很多女人，但一定会回来，母亲常常伤心，于是Summer 对爱情的理解是，可以让她伤心的人才是她真正在意的人。于是，她可以纵容立在外做任何事，只要他回来就好。立其实是个简单的大男孩，但有些自私。在 Summer 的宽容中，他没有学会珍惜，反而学会了不停伤害她。

Summer 给我讲这个故事时，是初夏，我大约觉得不管如何，到了最后，他们肯定是要分手的，只是时间的问题。

2

爱除了是荷尔蒙分泌的产物之外，它还有很多存在，比如快乐、贴心、温暖、深情，这些都是很美好的感觉。若你的爱情只让你体会到了负面情绪，说明它有诸多不适。

果然，就在前几天，Summer 找到我，说她要离开北京，前往柬埔寨。

原因是什么？

她的师兄去了柬埔寨，她内心失落极了。若之前北京还有一个人会对自己好，那么此时，只剩下她，以及一个需要她源源不断付出能量去爱的立。当她失去师兄时，才知道对自己好的人是那么重要。若一个男人不肯对你好，不愿意花时间和精力来讨好你，爱又从何而来？

这可能是一个真理。你爱的人终究会败给对你好的人。但大多数时候，人们还是盲从地去爱自己爱的人，受伤过，心凉透，最后回到对我们好的人身边。

年轻的时候，我只想拼命地和我爱的人在一起。当时特别迷恋金庸的小说，他笔下的很多女子都曾让我着迷。和所爱的人在一起，为他付出所有，不计一切代价，那就是我心中所想。

可现在，我却觉得，爱的确需要勇气，需要不顾一切，但前提是，你爱的人必须也是爱你的，不仅仅是爱你的，更要是愿意对你好，愿意为你付出一切的。

我见过有女孩自杀、自残、离家出走，不惜与父母反目成仇，不惜与朋友一刀两断，皆是因为爱情。因为她身边的人都反对她和自己所爱的人在一起，她只好用尽一切手段，来抵抗所有人的反对。

3

我还清楚地记得一个十多岁的女孩失恋了，自杀未遂。她的母亲比她还要痛苦，特意买了许多书，其中就有我的一本书，她每天晚上都会给女儿讲一个故事，以此来缓解女儿低落的情绪。

我也会和那个女孩聊天，安慰她。一开始，她是抗拒我的，每天会用成人的口气和我说话，言辞之间，是不尊，是挑衅，直到有一日，她的母亲病倒了，她才真正醒悟，真正爱她的人其实是母亲，不是那个男孩。

她对我说："姐姐，我懂了，我也错了。"

假如别人伤害了你，你一定不能再伤害自己，因为你伤害自己的时候，就是在伤害爱你的人。他们才是不愿看见你受伤的人。而且请你一定要相信，你爱的人终究会败给对你好的人，对你好是比我爱你更高级的爱，因为他们不止爱你，还懂你。

假如你爱的人伤害了你，请你一定要远离他。不要一次次给他机会来伤害你。你要记住，一个人用同样的方式伤害你两次，多半是你纵容他，给了他第二次靠近你的机会。

有人说："爱情，就好像冥冥中上苍撒下的一张网，可惜的是，并不是刚好每次都能网中两个人。"但是，那个对的人一定会来到你身边，而且会补偿你丢失的一切。

但愿你遇见那个真正对你好的爱人，你们用最舒服的方式相爱。一生很长，你们愿意彼此打磨，成为最默契的那一对。你们不会冷战，会真正沟通，能分担，也愿意分享，拥有一个共同的梦想，安然度过这一生。

请允许我拥有一个属于自己的家

1

一次北京雾霾严重时，朋友笑称要逃离北京，逃离现在的生活，逃离高压的工作。唯有盒子姑娘说，她不会走，死也不会离开北京。

我们都笑了，这姑娘太忠诚于这个城市了。

盒子姑娘却幽怨地说："不是忠诚，是如果回到老家，回到妈妈所在的城市，我真的不知道该如何和她相处。我们之间的矛盾由来已久，我不喜欢她，但我爱她。"

盒子姑娘的家是一座省会城市，靠海、富裕、空气清新，是很多年轻人向往的地方。倘若我也出生在那里，我或许会难以割舍，不会跑到北京来吸雾霾。

盒子姑娘说："我最近特别困惑，想找一个家庭关系修复的心理咨询师，真的，我快要撑不住了。我的妈妈总是控制我，让我听她的话，她看不上我老公，我老公现在也很抵触她。她喜欢吃醋，嫉妒我对女儿比对她好。我和老公前几年存的钱，给她在老家买了新房，现在还在还房贷。她退休了，每天没事，不去跳广场舞，偏偏喜欢给我打电话，我要是不哄着她，她就又病了……"

盒子姑娘的妈妈希望她回到老家陪伴她，在老家找一份安稳的工作，和她一起好好生活。她只有这一个女儿，不想看着她走远。盒子想的却是，自己在北京工作那么多年，也有了女儿，回到老家，找不到现在这么好的工作，也拿不到这么优渥的薪水，怎么养家，养女儿，为妈妈还房贷？

这场战争没有结果，只有妥协。

盒子姑娘希望从未让步过的妈妈，这一次能够先妥协。妈妈却生病了，盒子一边工作，一边担心妈妈，她从未如此纠结过。

我问她："盒子姑娘，那你能暂时放弃妈妈吗？比如，不管她生病、闹，还是给你打电话，你都不理睬她，给自己一段清净的时光。然后看看你的妈妈究竟会怎样。"

她坚定地摇摇头："那可不行，她是我妈妈，我不能不管她。她肯定会病得更厉害，我不忍心，我要安慰她。"

我相信，若这个问题摆在盒子妈妈的面前，她也会这么想，那是我女儿，我可不能不管她。而这就是困扰父母和子女之间关系的纽带。那就是，我们是一体的，我任由你惹是生非，看着你嬉笑怒骂，我很难过、绝望、压抑，但我没有办法撤离亲情的阵地，因为你是我在这个世界上最亲近的人，我不能丢下你。不仅如此，我还期待你以我想要的方式生活，以此显得你也爱我。

我们带着"我为你好"的幌子，和对方交流，试图说服他，让他接受你的建议，不过是想证明他重视你，爱你，所以，才尊重你的意见。

世间所有的选择，莫不是一方的退让和牺牲，若真有办法让彼此满意，那不是选择，那叫两全其美。可难在，选择常有，两全其美却不常在。

2

龙应台曾在《目送》中写道："我慢慢地、慢慢地了解到，所谓父女母子一场，只不过意味着，你和他的缘分就是今生今世不断地在目送他的背影渐行渐远。你站立在小路的这一端，看着他逐渐消失在小路转弯的地方，而且，他用背影默默告诉你：不必追。"

可我们为什么还要把彼此捆绑在一起，不管女儿远在何方，你都想拉着她的手，告诉她世间险恶，唯有你的怀抱是安全的，你的决定是最有利于她的。可鸟儿有她的翅膀，她的天空，她赖以存活的交际和世界，或者说，她是独立于你而存在的。从她拥有了自己的家、自己的先生时，夫妻关系就已经大于母女关系了。一切都要对夫妻关系妥协，这是一个家的立定之本。

我一个正在积极备孕的朋友小布丁，她说每天都期待吃到三种水果，她的妈妈每次看到她快下班了，总会跑到市场上去买各种水果给女儿吃。

女儿下班到家时，她只留下水果，自己却离开了。

"我妈妈回自己家了，她知道我下班了，需要休息。"小布丁说。

这就是一个妈妈给予女儿的尊重和保护，或者说这样的妈妈更懂得如何爱自己的女儿。

3

还记得我去出差时，一旁的李老师接听女儿的电话。她听到女儿告诉自己她喜欢女生时，居然没有暴跳如雷，反而平静地说："无论你在哪里，将来选择的伴侣是男人还是女人，肤色如何，家在哪里，只要你幸福，我就尊重你的选择。"

我震惊地说："老师，您可真大度。"

李老师却说："她一个人远在外地求学，都读到研究生了，她应该有自己的人生和选择，哪怕选择错了，也应该自己来承担。我虽然是她的妈妈，也是她的朋友，不能擅自强行为她做主，也不能离开，我更期待陪伴她。"

或许，这就是我们想要的方式吧，父母和孩子之间也理应有界限。

世间最好的父母就是不远不近地陪伴着你，你若喊我，我必

有回响；你若一路向前奔跑，我绝不拉着你的双手阻碍你。我希望你好，按照自己喜欢的方式过一生。因为从你出生那一刻开始，你就属于我，又不完全属于我。你更属于你自己，属于自由，属于你的未来。

所以，亲爱的父母，请允许你的孩子有一个属于自己的家，哪怕他们一路艰辛、生活困顿。

我们尊重你们的人生经历，也信仰你的人生信条，但我更愿意自己走这生命之路，带着最微薄的行李，不知疲倦地走向更丰富、更丰盈的自己。

当然，在我们一味地喊着要做自己的时候，也请明白，请收回索取的双手，用界限来束缚自己，不要凡事太依赖父母，因为依赖是相互的，思维形成惯性，更容易纠缠不清。

分清爱的界限，别彼此占有，才是我们爱的归路。

你是否也有可以被请进生命的友情

1

跑到电影院，看了两遍《七月与安生》。

文艺片，我独爱陈可辛，也因为青春时光里，我也独有过这样一个朋友郭静。时至今日，我们依然是很好的朋友。每次，只要我留言说："Hi，我有点事想告诉你。"

千里之外，郭静就会问，什么事情呢，缺钱告诉我，需要帮助一定要说啊！

可我们明白，随着成长，独自担负得越多，会越来越沉默，生活中若有一个人，你能对她无所顾忌地倾诉心事，其实是一件幸福的事。

我们的父亲是战友，高中去学绘画时，当报上父亲大人的名字时，我和她一拍即合，因为彼此父亲的名字太熟了。

我们一起学画画的时光里，有许多难忘的时刻。那年冬天，我们住在六楼，外面特别荒凉，好像一直在修路，尘土飞扬。我们一直画啊画，没有回家过年。那时，我们的相处中，交流得更多的是恐慌和对未来的担忧。我们怕考不上理想的大学，也对未来特别没有信心。

一天晚上，她得了急性肠炎，平日里特别喜欢她的男孩让她忍到天亮，可我觉得疼痛就要去医院，立刻检查，不能忍。于是，我陪她走过那段黑暗的正在修的路，去了医院。她握着我的手说："关键时刻，原来你这么野。"

我说："不是野，是不想让你受委屈！"

她说："我们要一直这么好下去。"

我说："放心吧，以后我们可以在同一个城市读大学，工作，生活。"

可后来我们还是在不同的城市读了不同的大学，去了不同的城市工作，有了不一样的生活。

她过得很幸福，有了两个宝宝。遗憾的是，她不再画画，去做了销售。生活很稳定，她还是那么漂亮，如同少女般对生活充满幻想。我却过上了另一种生活。有时疲惫，有时激情，有时会自我怀疑，有时会坚定梦想。在颠沛流离中，我没有后悔过，但偶尔会想，若我当时也追随她去郑州，现在会过着怎样的生活？

虽然我们不在同一个城市，成长的步伐也不一致，或许对生活有了不同的理解，但我每次想到她，却依然觉得她是那么亲切，如同清晨的阳光，只要我一醒来，它就自然地洒落在我的房间……

我们相处的过程中也有过矛盾，却没有过争执或吵闹，我总能瞬间就原谅她，比原谅我自己还要快，因为我知道女人比男人更需要友情。

多年来，虽然我一直漂泊在外，却像个人情的绝缘体，很难从容地认识新朋友，深入地了解彼此。我更愿意远远地看着，看我们身边每天都有新的人认识，旧的人离去。

2

我清晰地记得，咖啡馆两个女孩在争吵，一个女孩冷漠而高傲地说，你让我为你着想，可是凭什么？

另一个女孩说，是啊，这世间本来就没有感同身受这回事啊！

可我却固执地认为，无论是友情还是爱情，做不到感同身受，就无法包容，就无法进入彼此的生命。最后，还会以另一种方式告别。

就像我和一个同事，因为经常一起出差，慢慢关系变得很好。我是讲师，只需要讲课。她是经理，要服务客户。可后来，我不小心得罪了客户，她立刻跳起来，用言辞攻击我，直到我泪流满面，她依然不依不饶。后来我懂了，**很多友情或许都是有期待的，当你达不到别人的期待，自然会惹恼他们，也自然会失去这个朋友。**

就像我和一个朋友，在我完成一个新的设计稿时，她匆匆来告诉我，不用那么认真，因为甲方根本没有把我放在心上，并截图给我看他们的聊天记录。我气不过，去问甲方，甲方又因她的告密来质问她，她又来质问我。这段友情就迅速瓦解了。

我无数次地感慨友情太脆弱了，像一束光，你只能看着它，自然而来，向着黑暗而去。不要企图抓住它，因为光是抓不住的。而我也愈加明白，当一段友情或爱情，到了最后只讨论对错而不会站在对方的角度着想时，多半都是走不下去的，因为内心不懂为对方牺牲，也自然不会在旁人或自己面前为对方解围。

所以，看到电影的最后，隐忍的七月离世，她躺在安生的身边，告诉她最亲爱的朋友，她早知道这一切，却又不道破，情愿独自忍受背叛的折磨。在七月的世界里，她恨过安生，但她也只有安生。我泪流满面，因为这是一段被请进生命的友情。

突然想到我读大学时，一个我敬重的女老师曾说过，女人迟早是要嫁人的，当你嫁了，你就不再属于你自己，再好的朋友也会疏远，告别，甚至不再相见。你们还不如拿出更多的时间来关注自己的成长……

那时，我自然是不信的。十年后，再来品味她这句话，我不得不认同。毕竟很多情谊就像生命的列车路过的风景，我们交流对世界的看法，交换彼此的秘密，看似拥有很多相同的感受，但有一天，有一件事就会改变我们这一切，我们的列车也会分道扬镳。

但我依然固执地认为，女人比男人更需要友情，即使她们的情谊脆弱不堪。

可世间更多的故事都在讲述男人之间出生入死的兄弟之情，或许他们都认为女人不需要朋友。他们教导男人义字当头，兄弟情深，男人之间击个掌，然后就可以一起勇闯江湖。显然，女人之间的友情更善变，好的时候，她们愿意拿出一切，一旦决裂，立即相忘江湖。

我慢慢不再着急地宣布，谁是我的朋友，或谁是我的好朋友，谁是我喜欢的人，谁是我讨厌的人。

因为我总觉得要行走一段路，一段漫长的路，你才能知道，彼此是否适合，这个考验堪比爱情。

我问发小郭静，你一个人在郑州，是否也想过拥有我这般的生活？

她说，是的，但想到你，就是另一个我，在过着我向往的生活，就够了。

我想，或许就是这样的吧，最好的友情莫过于你替我安稳地活着，我替你去死或者去生。我们不会有遗憾，因为有一个人在过着我们梦寐以求的生活。

就像七月和安生，七月死了，可又有什么关系，安生的血液里早已流淌着七月的味道，安生的心里也种了她的梦想，安生的生活已活成了七月的模样。

看到这里，我仿佛觉得七月并没有死去，只要安生还活着，她们的青春就不会结束。

可惜，我没有能力"支付"这段感情了

1

张轩终于分手了，最后一句话是："对不起，我没有能力支付这段感情了。请你原谅我，并不是不爱，而是我自己没有这个能力。"

张轩是个好男人，但张轩的女朋友锐锐却是个购物达人。她爱他的方式，就是用不同的方式去鼓励他为她买单。她喜欢的衣服、想看的电影、想去旅行的地方、想孝敬父母的礼物，只要她开口，他都会满足她。

张轩是锐锐的依靠，是她的全世界。锐锐在享受张轩这无私的爱时，却从未想过一个现实的问题，张轩也有困难的时候，也有他的路要走。

锐锐后来索性辞职，做了全职插画师，并无稳定收入，她的经济来源就是张轩。自然，张轩全力支持她的梦想，每次发了薪水，总是无怨无悔地交到锐锐手中。幸好张轩的收入还不错，所以，锐锐并没有因辞职影响生活水平。

　　直到张轩的母亲心脏病手术，他才找到锐锐，让她拿出银行卡，取钱去给母亲看病。锐锐拿出银行卡，张轩看到里面不足五位数的存款，再想想母亲治病需要的高昂费用，低下了头。那是他第一次想自己和锐锐之间到底合适不合适，也是乐观向上的他第一次感觉到悲伤的味道，像是发霉的水果，就摆在自己面前，挥之不去，堵在心口。他无数次想吞咽下这发霉的水果，却发现自己无法下咽。

　　没有钱给母亲治病，张轩只好四处借钱，这时他才发现一个更悲伤的现实，并没有朋友愿意借钱给他。这是一个很现实的世界，每个人都有摆在眼前的困难要面对，张轩可以理解他们，却没有人理解他。

　　张轩只好把母亲带回老家去看病，回去的路上，他无比痛心。

　　待母亲病好之后，他对锐锐说：“不然你也开始上班吧，我们一起来偿还母亲治病的钱。”

　　锐锐却不愿意。

　　张轩只好提出了分手：“对不起，我没有能力支付这段感情了，一直以来，我无悔地付出，可我也可以收回我的付出、我的爱。我没有义务为你的梦想买单，如今，也没有能力来为你的生活买单了。”

　　这个世界，每天都有很多情侣上演着各种分手方式，相信这样的分手方式并不罕见。只是，我不明白，在感情中，为何很多人会像锐锐一样，不停地透支对方的金钱、精力、时间。渐渐地，我才明白，许多情谊都是需要支付的。当你无法支付时，就是这段情谊毁灭之时。

2

我在北京的房子收留过雁子，她说那时自己特别穷，一边工作一边考研，她曾向我借过钱。我对她一直很大方，也算是敬佩她是有梦想的人。

收留她的时间里，我才发现她并不像自己所说的那么励志，甚至有些懒，有些拖延。她总在夸口说梦想，说读研，说留学，其实并未真正行动过。

她一次次向我借钱，我一次次掏出钱包，直到我要买房时，我才下定决心把借她的钱要回来。可是她并没有还我，只是快速地搬出了我的家。从此之后，她好像从我的世界消失了。

真是可怕，一个朋友，说消失，如同一缕青烟一下就消融在空气中，再也不见。我本以为真的会再也不见，毕竟用这种方式消失之后，任何人都无法再回来。

可她还会落难，无人收留，还是找到了我。我把她拒之门外。一些朋友对我说，千万不要心软，而且要把她欠你的钱要回来。

雁子没有还我钱，怪我心狠，对我说，人人都有难的时候，你也有。

我的人生可能也会有非常难的时候，难到走不下去的时候，但我不会去找她。她永远不明白的是，任何人的精力、时间、金钱、信任都是有额度的，不是取之不尽的。任何人的感情都是不可再生资源，你所耗用的都得你来偿还。

我与朋友交往，从不会占别人便宜，也不会刻意让人买单，我没有那么多心机，也不愿那么卑微。万事，我只求心安。

3

小楠最期待的莫过于十月结婚，她一直在等相恋五年的男朋友向她求婚，他却迟迟没有行动。

男朋友买房的时候，她跟我打赌："若是男朋友这次再向我借钱，我就跟他分手。"

遗憾的是，男朋友真的找她借钱了，且理直气壮："这是我们结婚的婚房。"

小楠虽然气愤，还是借给了男朋友钱。不是为了婚房，而是不想看他为难。

那天看新闻，说宋慧乔和宋仲基的婚约定在了十月三十一日，小楠开心的感觉，好像她自己要结婚了。

小楠说："你不懂，乔妹是我最喜欢的女明星，她这一结婚，就像我结婚，而我全部的期待终于可以放下了。"

我也不能理解小楠，分手了，还是坚持把钱借给前男友。

但我能理解她说的最后一句话："爱人啊，都是我无能，从恋爱至今，一直是你向我索取，可我也有没有能力支付这段感情的时候。希望你懂。或许你没有错，错在我，走到今日，我自己无法继续付出了。"

且不说谁对谁错，只能说，**任何一段关系或感情中，总有一个人在默默付出，并不是他强大，也并非他拥有更多的爱人之心，只是说他比较善良。**

这个世界对好人太坏，又对坏人太好。

认真付出的人，可能像个傻瓜，可能没有你想象中强大，甚至比你还脆弱。但不认真付出的人，可能最终会用其他的方式来偿还。

然而，这个世界上还是有许许多多贪得无厌的人，满心念着对方无条件的爱、无条件的付出，自己却站在原地，收割别人无私的爱。

所有的事情还没有走到最后，我们不知道最后谁得到的多，谁失去的少。若一直让一个人付出，他也会累，累到极致，他就会逃跑，所以，请珍惜身边爱你的那个人。

在某个时刻，他愿意为你拿出金钱、精力、时间，说明这一切在他爱你的时候，都变得没有你重要。

对不起，我还是离开了你的世界

1

几个大学同学要来北京聚聚，我说来吧来吧。相处几月，大家都说我变了。

具体到哪里变了，大家说比以前温和了，话多了。之前呢，不太接地气，看上去傻傻的，现在聪明多了。

废话，我一直在成长，成长就是不断杀死之前的自己。所以，我当然会有变化，五年后的我看今天的自己，可能也会觉得此时愚笨不堪，此时的忧郁一文不值。

之前的我，那么脆弱不堪，总是很沉默，我觉得懂自己的人，什么都不必说，不懂自己的人，说很多，还是在两个世界里转圈。

那时的自己，很在意很多人、很多事。我的精力过多地放在自己的周围，从未把重心放在自己身上。若再给我一次机会，让我回到从前，我一定狠狠地给自己两巴掌，告诉自己赶紧努力学习，考过雅思，去学自己想学的东西，去实现梦想，不要耗尽心思去讨好那些当时看来很重要以后却无关紧要的人。

可惜，我回不到过去了，无法给自己两巴掌。若以后的我，看到此时的自己，说不定也会有暴揍自己一顿的想法。好吧，为了让她安心，我每天都活得很努力。

2

一个大学同学问我，还和顾云有联系吗?

我说没有，没有了。

几个同学笑起来，别跟她玩了，她太聪明。

但我内心还有一个声音说，当然有联系。事实上，她们一定不知道，我去年还和顾云一起吃饭，聊天，我的新书演讲去南京，我还特意邀请她一起前往。只是那件事之后，我们就真的散了，我也彻底放下了这段情谊。

一直以来，我都是一个很害怕失去的人，一旦有人与我熟络，我就希望这种亲密一直保持下去。我不愿花更多的时间认识更多的人，似乎也没有精力去处理更多的关系。

大学的时候，我希望和顾云一直做很好的朋友，做有难同当、有福共享的朋友。

毛姆写道:"真正的朋友，永远不可能雪中送炭，只能是锦上添花。"

如今的我懂这个道理，但在当时，我却那么执着地想和顾云做"苟富贵，勿相忘"的朋友。

大学的时候，我们一起逃课，一起画画，即使她交了男朋友，我也默默跟在后面。大学毕业后，她说要去北京，我也毫不犹豫地说要去北京。结果，我来考北京电影学院文学系的研究生，她却回到老家匆匆嫁了人。

有一段时间，我们的确失去了联系，是因为她不再需要我。而我那时恰好一个人在北京挣扎，活得很辛苦很疲惫。两年后，我终于在北京站稳了脚跟，一切开始好起来。顾云来找我，她离婚了，前来投奔我。我立刻接纳了她，白天努力工作，晚上给她心灵慰藉，希望她早日走出阴影。

她的确走出了心灵的阴影，但功劳似乎不是我。她通过朋友介绍，嫁给了一个有钱的老板，做了别人的后妈。她欢欣地来到我身边，想让我祝福她，我却说了实话：不要跟这个男人走，他不可靠。

顾云那时觉得我是在羡慕她，我选择的生活方式难免太累，太辛苦，明明靠结婚、靠一个男人就能解决的问题，何必一个人挣扎。她觉得我是想做女强人，而那正是她所讨厌和回避的一种人。事实上，在这个城市生活得越久，我越觉得依靠自己比任何事情都重要。

在这个城市的生活规则中，我发现她依然单纯如孩子，会固执地用刺一样尖锐的东西伤害对她好的人，却又对陌生人过于热情和大方。她匆匆再嫁，怀孕五个月时，又来找我，让我陪着她去流产，因为她又想离婚。

原因很简单，她觉得现在的老公又不爱她了，最近一直不回家，跟一个女人在外面厮混。

我劝她不要莽撞。她质问我，要是把孩子生下来，我愿意帮她一起抚养吗？

我摇摇头，真是无能为力，我也没有能力对这个新生命负责。但她是孩子的母亲，可以要一笔抚养费，离开北京，选择一个小城市，去过安稳的生活。

她伤心地说，所以不要相信任何人。手术过后，她元气大伤，休养几个月，重出江湖，她发誓要做女强人。

那时的我，写作、演讲、工作，日益好起来，她非常羡慕我。她知道自己的起点太低，说要想当一个作者，让我推荐她，她也想写作。

我立刻答应她，把她推荐给一些来找我的编辑。很遗憾，大概是多年未写，她的文字功底并不被认可，她一边怨恨我没有尽力推荐，一边想转行做销售。无奈，最终也未能如愿。可能让一个人立刻转变真是一件很难的事，除非她自己下定决心。

我一直对她心存期待，毕竟大学读书时，老师曾赞美她画画功底很好，又有天赋，还曾说，可能以后她会是我们班走出来的唯一的女艺术家。那时的顾云意气风发，骄傲可爱。可如今回想起来，真是讽刺，真实的人生永远差强人意，不是你想象的那般结局。

但决定自己人生的多半也是我们的选择。一路走来，她一错再错。**可能这个世界上所有的东西都可以失去，唯一不能失去的是我们与世界相处的能力。**

我要去南京一个大学演讲，顾云听说了，要跟我一起前往。去了那所大学，她看到场面那么隆重，学校的接待仪式也很贴心，有些失落。更让她失落的是，她听说自己的身份是助理，因为当时我申请车票的时候，在她的那一栏填写的就是助理，只有如此，她才能跟我前来。我没有提前告诉她，就是怕伤害她，却没有想过，她终究会知道。

她不理解，在我演讲之前来质问我，我没有时间解释。待我演讲结束，一个学生告诉我："老师，你的助理提前离开了。她好像有些不开心，还哭呢。"

我打开微信，看到她给我的留言，大致的意思是想告诉我，不要觉得自己高高在上，不要以为你会赢我许多，在艺术和文学的造诣上，我知道你的功底，你不一定如我。

那一刻，我的伤心顿时没了，豁然了许多。

3

成长真是好东西，让人重新认识自己，认识周围的人，再认识这个世界。重新认识的过程，就是自己一遍遍成为新的自己的时候。

我一开始以为是女人的嫉妒，让我们越来越远，现在明白了，不是，是我们的经历，是我们的改变，是我们对这个世界的看法不再相同。多么遗憾，大学时，我们曾发誓要做一辈子的好朋友，却发现真实的我们有着如此不同的人生选择，注定成为不同的人。

到了最后，我们还是离开了彼此的世界，去过自己期待的生活。

我们谁也无法改变谁，可能最初认识的时候，友情和友善都是真实的，可能走到现在，变化和撕裂也是真实的。真实的人生中，我们无法确定谁的路是正确的，谁的选择又是恰当的，我们只能追随心意而行，只能依靠自己，不把梦想依托在别人身上。如你所说，我一直在改变，不是身不由己，不是情非得已，而是我喜欢这种变化，是它让我成了更好的自己。

对不起，我还是离开了你的世界，但我希望你以后过得很幸福，心安，遇到想要的生活。有些路只能一个人走，我们不懂得的人，无法理解的人，无须刻意再去懂了。

永远不要记恨一个人

1

一大早，我就看到了姐姐家的女儿真真给我的留言。

她在北大读研要毕业了，和一个女同学约好毕业时一起去日本旅行。为了这次旅行，真真准备了很久，也推掉了与父母的旅行安排。

结果她这个女同学食言了。理由是，她还是想跟男朋友一起去日本旅行。并提议和真真的旅行可以换一个时间或换一个地方。

真真非常生气，毕业那天，她独自去了日本旅行，并在微信里删掉了自己的女同学。事后，她后悔了，还是会想念她们一起度过的时光，但她没有勇气再去加自己的朋友，只能任由彼此冷战，然后消失在茫茫人海。

我一直坚信一句话，真正的朋友和爱人是分不开的，属于你的东西，最终会回到你身边。此时想想，这句话多少有些唯心主义。可能时间和环境都会改变一个人，以及他对世界的看法。可能用不了多久，这个人就会成为你生命中的陌生人。

我并没有责怪真真的意思，只是觉得在这个网络如此发达的时代，被添加好友、被拉黑联系方式变得越来越简单。一句话、一件小事，就会改变一段友情的走向。

我们一边呼喊着友谊或爱情万岁，一边删掉最好的朋友或最爱的人。

真真说："只是那一刻，他们触犯了我们的原则，我们对他们失望至极。我们不想被别人欺骗或辜负，我们只能选择离开他们的世界。"

可如果这样想，总觉得这情谊少了许多人情味，少了几许即便我与你争执到底，也想去爱你的天真。假如我的朋友、爱人，或我在乎的人没有满足我，我可能会换一种方式取悦自己，也不会贸然摧毁一段情谊。即使我明白，真正爱过的人无法做朋友，由于生活方式的不同，所有人可能都会渐行渐远。

2

一次，群里两个插画师就一幅画是蓝色还是青色，突然吵了起来，然后逼问我们是什么颜色，却无人回答。他们双双退群，彼此互删。并没有什么特别的矛盾，却让两个人针锋相对。

直到有一次被邀请去看电影写影评，两个人又得以相遇。他们尴尬地对视一笑："是不是把我删了？"

"我总怀念咱俩一起喝酒的小酒馆。"

可能他们是幸运的朋友，其实大多数人离开彼此的生命，都不会再相见了。

我也被朋友拉黑过，也拉黑过别人。事后想想，都是很小的事情，若当时肯勇敢地说对不起，结果可能就会不一样。再后来，这些朋友终于消失在了我们的生命中，只剩下怀念。

我们可能再也没有相见的可能，唯一的记忆是当彼此还是朋友时的快乐。再往下，便是后悔，怪自己当时心胸不够开阔。

3

由于工作原因，我加了许多作者群和插画师的群，经常看到他们为一件很小的事情争吵。有时会闹到凌晨，会通知所有人，会不可理喻地咒骂，会不分理由地求公道。

站在这件事情之外的我们，看他们争吵的事宜，大多都是无聊的话题，只是每个人理解的角度不同，便有了争执。

可能这是一个观点至上的时代，作者写文，观点早已大过文体本身。他们为观点争吵，也是两种生活态度的对立罢了。

争吵的背后有误会、矛盾，更有对彼此的伤害。

曾看过一篇文章，《爱尔兰小说家艾丽丝·默多克长达二十多年的记恨》，她不到二十岁时曾给一本小说杂志投稿，因为不知道投稿给谁，她分别给了两个编辑。一个月后，其中一个编辑给她打电话告诉她，以后不要再给他寄任何稿件。

艾丽丝·默多克很委屈地对父亲说："以后这个人若再来找我，就对他说我已经搬家了。"两个月后，另一个编辑却给她寄了样刊和稿费，告诉她好好珍惜自己的才华，这让艾丽丝·默多克更加自信。

二十年后，艾丽丝·默多克成了知名作家，她一直无法忘记那个拒稿编辑，她明白自己的成就才是对他最好的报复。一次，她坐轮船前往科克城参加会议，遇见了她最记恨的那个编辑。如今，他已经六十多岁，艾丽丝·默多克假装不认识他。

他对她解释自己曾非常喜欢她的小说，为此牺牲了和家人共处的时间为她修改其中的措辞，没想到他交稿时，却被主编通知，这个小说已有人提交。他当时非常生气，打电话伤害了她，而后当他意识到自己的错误时，一直给她打电话，却发现她搬家了。

艾丽丝·默多克内疚极了。原来这只是一个误会，但也感谢这个误会，一直督促她努力写作。可能当你遭遇冷暴力时，并非别人有意如此对你，只是他们也承受了你无意间带来的伤害。

4

我依然认为这个世界是这样的，可能每个人的生活都是差不多的，没有谁比谁更聪明，只有谁比谁更善良，比谁更懂得珍惜。再仔细想想，从前那些不可原谅的、无法理解的，只因自己当时的不从容，不大度。

记恨、埋怨，只是心胸狭窄的一种表现，只会让你失去更多。

但不如意时，不如让朋友一步，凡事不要做得那么绝情，且给自己留一个后路。我们比自己想象中强大，但在一些事情上，的确很脆弱。脆弱到一句话、一个词、别人的一个定义，就让内心世界倒塌。可能别人也一样，都带着伪装的坚强，行走在这路上。

不妨给别人一个机会，也给自己多留一个友人。毕竟遇见很难，分别却只是一句话。

就像微信的设置，它其实是有寓意的，当你拉黑或删掉一个人时，它会一键提醒你，是否真的要那么做。

当别人给了你一张冷面孔，你一定要多问问自己，他是否承受了你无意间给予的伤害。你有权选择你要的朋友，但不要用冲动而无情的方式。

原谅一个人七次，代表永久地原谅。

可现实中，我们却无法原谅一个人七次，哪怕只有一次。

希望你我都能幸运地被原谅，也能感性地去原谅别人。

我和我的故事永远在一起

我们杂志有一个栏目，叫做"大师写作课"。我每天看很多大师分享自己的写作经验，都会看得很入迷。写作的经验各不相同，我着迷于看每个大师的分享，却也明白，每个作者的写作之路都有着不同的缘由和习惯。

最近看江国香织的《下雨天一个人在家》，她在书中写道，她只希望孤零零地站在辽阔无垠的地方，去写东西，去体验无人看到过的风景。

我去看村上春树的《我的职业是小说家》，他写道，写作不同于任何职业，因为它要耗费你许多时日，在你辛苦写故事时，并没人看到任何值得鼓励的实物，只有故事被出版，才有人来拍你的肩膀，赞美你做得不错。

之前看这些感受，总觉得矫情。之后自己写作，慢慢体会这种感情，也会在某一个瞬间读懂他们的感觉。但我和他们对写作的感情又有着不同，但同样细腻而美好。

写作对我而言，它将我生命中最重要的东西收纳了起来，它让我变得非常平和，并甘愿做一个善良的人。在独处的时刻，我所忏悔的更多的是过往的过错，学会原谅、接纳、思考，这些都是写作带给我的。

请原谅，真实的我，不过是一个记忆力很差的人。

神奇的是，我的身边飘落着许多零散的句子，它们精美、短暂、温情，像电影的片段，像永不断的水流，一直安静地存在，只需要我俯身将它们捡起来，放在我的书中。感谢上天给了我这样的能力，让我随时拥有丢掉记忆的本领，又拥有了随时记下身边每件事的能力。

写作对我来说是另一种保护，它让我随时可以撕去别人给我的标签。是的，我也并不害怕丢掉任何标签，只有我自己才可以给自己下定义，我的职业是小说家。

我能够写作，真的觉得是一件非常幸福的事情。活到了三十岁，在这世间，再也没有比我能写作，更让我自豪的事情了。

我曾想过几年前特别迷茫的阶段，我写写画画，但无人问津。那时没有特别忧伤，可能是因为对生活没有那么深的感悟，也可能是经历得少。那时总觉得，即使天气雾霾，我的身边依然飘荡着茉莉的清香。所以，写出的文字很缥缈、梦幻。当然，我还是很喜欢之前的文字，却并不怀念那时的迷茫。那时的我，对一切都很好奇，热衷于看各种人物传记，看别人努力的姿态。我并不排斥吃苦，我自豪地把这一切看成财富。

我误以为自己吃了许多苦，而后深入地研究各种人物传记，又以为命运真是公平的。我们与一些名人相差的绝不仅是悲苦的经历，也并非只有本身欲望的驱使，更多的其实是对自己的要求，以及对生命的参悟。

我们想过怎样的生活，决定了我们将成为哪一种人，也决定着我们将要经历的事情。而我们想写什么样的文字，决定了我们会成为哪一种类型的作者。

遗憾的是，我并没有特别勤奋，因此丧失了许多机会，我经常为之懊悔，没有更努力地去写作，是我生命中最后悔的事情。

我只想不停地写，用我的心、我的笔。我知道，只有文字触到我的心，才能成为我笔下的暖流。所以，我特别尊重自己的本心，不舍得让它走向生命的暗面。

我路过很多人，却没有在任何人的生命中待太久，所以我并没有和任何人建立过特别亲密的关系。我并不害怕亲密关系，对于未来，我并不迷茫，且很有耐心，我就坐在路边，等他路过，然后把我拥有的一切都给他。我想向他分享，我的灵感、我的天赋、我所能感受到的那些句子、我心中点燃的故事。

但我又很怕他出现之后，会觉得，我这样的女人过于理想化，最终还是放弃我。我只好把我感受到的一切记录在笔端，让它们成为书中的各种故事。

我也曾认真地想过，我会爱一个人超过写作吗？

应该会吧，若有一个人能让我安静下来，若有一个人也可以像写作一样陪我看夕阳，我定然是愿意的。哪怕要放弃许多光阴，放弃许多灵感，以及许多写故事的机会。

可终究让我停留下来的还是写作，这是我生命中最重要的事情。我是个悲观主义者，总觉得一切或者完美，或者残缺，都可能会在某一时刻远离我，但灵感不会，写作的能力不会。

我经常在某个清晨，或某个黄昏，或某次深夜醒来，突然之间很害怕，总是闭上眼睛，想一想，还有那些故事我还记得，还有哪些人还在我的身边，以来确保自己的存在。我最大的安全感就是书被出版了，不断地有编辑来约稿。而现在来看，安全感越来越多，我应该感到满足。

曾不止一次地有人来问我，写作的方法和技巧。

可真实的答案却是，没有答案。

如果非要找到答案，那它可能是：要爱上你笔下的每一个字。

虽然我明白，写故事，各种情节的设置，都需要一些技巧，但我依然认为，真实的经验、自我的积累、素养、对这个世界的认识，才是写作的源泉。不管你怎样挣扎，怎么想脱离你的认知所带给你的局限，写作都会像一面镜子，真实地照射出你本来的模样。

我不否认，每个人都可以写一些东西，也可以自称作者，但能够真正地成长为作家，除了时间的积累，还有对自己初心的保护。我也一直认为作家需要一些天真，来保护自己的天赋，即使这天真可能会伤害到自己。

若有一日，你真正找到表达的方式，所有的文字都会流到你身边，替你去完成各种故事。你会明白这种感觉的，就像你真正爱上一个人，你就会想去为他做任何事。

身为一个作者，我经常感到无能为力，无可奈何，但我并不慌张，也不迷茫，未来的确很清晰，我想做一个真正的作家，写好的故事，记录好的生活。

而我对"好"的理解，就是心安。

第五章

请相信，岁月会待你越来越温柔

　　我们每个人都有梦想，梦想去做轰轰烈烈的大事，去做世人皆知的人物。可有些人却只想做一个能接受幸福并为别人带来小幸福的人。他们并不想与其他人争夺什么，只想安静地陪伴着。

愿你过得很好，像朋友圈里一样好

1

之前每次下班坐地铁回家时，我喜欢刷朋友圈，为他们点赞、留言，或者和谁聊一会儿，或发朋友圈展示自己的生活状态，看上去又忙又潇洒，重情谊又热心。

可是我的朋友圈现在有四千多个好友了，刷看各种更新，发现根本看不完，慢慢地，我也没有心情再来关心其他人的生活点滴。所以，我不再关心他们的状态，想念一个人的时候，会跑到他的朋友圈看几眼。

我们终于成了朋友圈里真诚的朋友，现实生活中永远不会相见的人。

朋友圈像是二十四小时灯火通明的城市，这里永远有人笑，有人闹，有人骂，有人哭。和他们相比，我总觉得自己的生活少了些许动力和激情。我的生活并没有很糟糕，但真的无法与他们比较。我还很年轻，可我却觉得自己老了。

这应该是我的不自信造成的。

2

随着朋友圈的人越来越多，我逐渐不再关心其他人，但每次睡觉前，我都会去看看我关注的两三个亲人或朋友。

其中一个便是我的表哥洲洲，身边人都觉得他很优秀。他读完中国科技大学的博士，就去了美国，当了地道的农民，每天观察各种植物的生长，有时还会给我展示哈密瓜、葡萄、草莓等植物的生长状态。我最关心的是，能不能一边在电脑上看着这些植物，一边在下面品尝它的味道？

"当然不能。"

为此，我经常说他："老大，你特意跑到国外去种植农作物，洒农药。读了那么多年书，白学了。"更可悲的是，洲洲已三十七岁，还没有女朋友，他心里最怀念的是初恋，不，应该是高中时暗恋了三年却一直不敢表白的一个女孩。

他一个人在国外，闲暇时会去很多地方看看，每次他在朋友圈发这些照片时，总会有很多人羡慕。他私底下对我说，自己活得很孤独，一个人在异国他乡，没有朋友。我说，你一定要分清，你那不是孤独，是寂寞，只有寂寞才让人发慌，孤独却是饱满的。

别人只看到他光鲜的一面，他们在他照片下的点赞多像是一种鼓励，像是对他说，冲啊，往前走啊，你所走的路，就是我年轻时的光和信念。真心羡慕啊，年轻有为，就在异国他乡开辟了新天地。人来人往，谁又会在意他真实的生活？

有一些事情他不会说，想说的话却找不到听的人。这个世界所有人都在说话，却没有任何人倾听。

他习惯了向舅舅和舅妈报平安，他发现若是告诉他们不好的消息，舅舅就会暴躁，舅妈就会不安。他隐藏了真实的自己，只能把这一面给我看。他上次去相亲，定在了一个酒吧，女孩是中国人，很漂亮，也很聪明，他们点了一杯酒，喝下后，女孩借口去洗手间就离开了。洲洲去找她，才发现她早已溜掉，留下他一个人来支付价格高到离谱的酒水单。

那一刻，他也想发朋友圈，告示别人千万不要被这样的局给骗了。但他忍住了，可能看到他潦倒的这一面，一些人会觉得你活该，并以此为笑柄，说他智商高情商低，若是亲人看到，除了担心，还会埋怨。

除了爱情，他的生活也有许多潦倒时刻，幸好他聪慧，都能及时止损。他常常对我说，他走在成长和试错的路上。

他算是从我们身边走出来的精英，可他早已不愿在朋友圈展示真实的生活。慢慢地，他只转发一些链接。慢慢地，他消失了，偶尔喝多了，或想聊天时，才会冒出来，对我说："妹妹，我孤独。"

"哥，我说了多少遍，你那是发慌的寂寞，不是孤独。"

"我不管是寂寞还是孤独，你们都没有真正关心过我。"

然后，不管我说什么，他都不再回复我。这其中有多少无奈，就有多少失望。

3

我的发小是个心理咨询师，她的朋友圈经常会发一些自己一次次治疗好抑郁症患者的文字感悟。有时，我内心烦躁不安，就会翻看她的朋友圈。她发的东西会给我一种很温暖很有力量的感觉。看着她曾走过的城市，拍到的美景，见过的人群，听过的歌曲，文艺又治愈，对，这也是我写作要寻找的。我也要成为她这样的人。

我出差路过她的城市，看到她的真实生活，不禁为她担忧。

一是工作压力太大了，每天要接诊的病人太多，晚上还要熬夜看书，补充能力。二是根本没有时间陪伴家人，更何况她还是一个孩子的妈妈。于是，婆婆抱怨她不顾家；先生认为她对工作太投入，对家庭几乎没有奉献；她却觉得自己太委屈，家庭没有能力让她全心全意做全职太太，工作又需要她百分之百地投入……矛盾根本无法调和，她几次险些走向离婚。

真实的生活充满狗血。我们一边用自己的力量去治愈别人，一边在自己遇见的事情上无能为力。看到身边比自己小的、有活力的年轻人越来越多，内心有一种焦虑感，却又无所适从。

我们真实的生活和朋友圈想展示的是不同的，我们早已分不清哪个才是真实的自己。用我发小的话说，朋友圈是内心的世界，真实的生活是残酷的人生，各有不同。

4

是什么让我们隐藏了真实的自己？

可能是成长，是人性，是自我意识，我却觉得这是一种不向现实妥协的方式。每个人其实都有不同的面孔，内心也有不同的自我，但我们都会尽力去维护大众在表面上认可的形象。我想让你们看到正能量的一面，默默点赞。我想让你们看到一个看清生活真相的人，依然热爱着它。

我们渴望真实，却又惧怕真相，因为真相往往很残酷。

曾看过陈坤讲述自己的故事。他第一次去一个朋友家，却觉得很相熟，很放松。他坐在朋友家，唱了一首《心经》，朋友们看着他唱了七八分钟。唱完后，他们聊的话题都很严肃，且高质量。陈坤以为吓到了朋友们，他们却说挺喜欢这个时候的陈坤，和他们想的不一样。我们看到演员，会有一种错觉，以为他们的生活可能都是在演戏。但在朋友们中间唱《心经》的那一刻，陈坤肯定是一种真情流露和自我展示。

我去拍作者宣传照，由于去年拍照的时候，摄影师让我做了很多动作，这一次我还是很紧张，因为我不会摆动作。这一次的摄影师却说："你就随便看书，我喊你，你就抬头看我，或微笑，或思考，或读书，按照你自己最舒服的姿态，千万不要勉强自己，要真实，不要造作。"这次拍照，我觉得很放松，没有压力。

当照片出来时，我第一次觉得镜头中的自己很美，也第一次明白了一个道理，真实的自己比伪装的更美，但我们早已习惯了伪装，忘记了真实的自己。抵达真实的路只有一条，就是放松。

我喜欢这样的真实，没有抗拒感，也不用被约束。我知道不管自己做什么，都不会被你们嘲笑，反而你们会尊重我的选择，和我一起或严肃，或搞笑。

我的朋友们，我不止愿意做你们朋友圈那个点赞的人，更愿意做你们真实的朋友。

当你想卸掉朋友圈的伪装之时，当你想表达真实的自己时，我都在你身边。

我愿成为你朋友圈之外真正关心你的人。若世人都爱你的伪装，我独爱你的真实。

生命中最美好的事情都是免费的

学习捷克语的时候，认识了一个丹麦的朋友。他对我说："这个世界上最珍贵的东西都是免费的，比如爱，比如阳光和空气。"

其实那天，我比较沮丧，心情不好，身体也不舒服。他说这句话时，我也没太在意。我和他语言不通，中间还要有一个老师来做翻译。

只记得当时他反反复复说了一个词："HYGGE。"

我很好奇，和老师交流。老师说："丹麦人很了不起，虽然这个国家一年有六个月昼短夜长，我觉得连狗都可能得抑郁症，但是丹麦人的幸福指数却是全世界最高的。"

我特意买了书，特意跑到豆瓣网加了很多小组来了解丹麦文化，了解那个丹麦男孩口中一直说的"HYGGE"。了解完，我居然自愈了。

"HYGGE"应该不是一个词语，它是一种概念，比如制造亲密的艺术，灵魂深处的舒适，烦恼尽消，温暖的相聚，享受当下一切让人欣慰的愉悦，都可以用这个词来解释。它指的是一种氛围和经历，一种家的感觉，心回归的感觉。

这个世界上有一个很神奇的工作，叫幸福研究所，它的总部设在了丹麦。

事实上，丹麦人的黑夜很长，但他们的内心却充满光亮。这和什么有关？我认为是他们喜欢使用蜡烛来照明，而且他们不喜欢使用香薰蜡烛。在丹麦最古老的蜡烛制造商中，不会制造香薰蜡烛。他们喜欢点上最纯粹的蜡烛，壁炉，只要能带来温暖的东西，一样不少。然后，一家人或朋友们聚在一起，如此HYGGE。

除了蜡烛可以带来光明，灯具也可以，所以丹麦人也迷恋灯具，一些人走几个小时，只为寻找一家有 HYGGE 灯光的餐厅。在丹麦人心中，灯具不仅要好看，它折射出来的光要温暖、舒适，这一点比灯具的造型还要重要。

除此，丹麦人很严谨，他们不擅长接纳新朋友。如果在一次聚会中，出现了比较多的新面孔，他们就会抗拒。想成为丹麦人的朋友，你要付出很多，还要忍受孤独。直到有一天，你被这个朋友圈接纳，你就是其中的一员，这段友情可能会是终生的。

丹麦人的幸福心经有很多，每一种心得都是简单的，纯粹的，他们喜欢自然的，有生机的，充满活力的人和事物。他们认为这个世界上最简单的东西就是昂贵的，比如爱、阳光、空气、温暖。他们喜欢用抽象的词汇简单地解释遇见的一切。

我对丹麦文化开始着迷，喜欢它的简单，也喜欢它对人和人之间关系的界定。

中国人向来以热情、热心著称，我们几乎不会排斥聚会中的新面孔，反而会尽力表现自己，关注对方的感受，赢得他们的好感。聚也匆匆，散也匆匆，几乎不会留下什么。下次再见，不知何时。所以，古人才会说："今朝有酒今朝醉。"这是我们的选择，我们的交友方式。

事实上，我更喜欢丹麦人这种 HYGGE 的交友方式。最初，你可能不会被一个朋友圈接纳，不会被热情地招待，因为丹麦人喜欢观察你适合不适合做他们的朋友，除此之外，他们喜欢长久且稳固的友情或爱情。

在这个快餐文化如此盛行的时代，还能有如此的观察期和等待期，实属难得。

当世界没有光，他们愿意创造光明，把自己的世界照亮，让人和心灵一直活在光明里。当朋友就在眼前，他们不着急拥有朋友，反而要后退一步来看看这个人是否适合做朋友。这其中既有生活智慧，也有交友的哲学，这就是幸福的秘籍。

当你觉得人生很沮丧的时候，可能就是丹麦人长达六个月在黑暗时的感觉，此时，除了你自己，任何人都无法为你点燃一盏灯。

当与许多人聚在一起，却倍感孤独时，你可以想想丹麦人的交友原则，每个人都是孤独的，不必急于结交新朋友。与老朋友走一生才是他们追求的快乐。

总结起来很简单，那就是珍惜爱，珍惜光明，珍惜自己。

这就是丹麦人幸福的秘籍。

少女时代，我也曾嫉妒一个人

1

跑去看电影《"吃吃"的爱》，看到小 S 在电影中的表演，我泪流满面。这分明就是她的成长之路，吃力，笨拙，以搞怪让别人开心，自己却过得并不快乐。

一直以来，在众人眼中，大 S 这样的角色分明更讨人喜欢，她懂事、聪明、情商高，能理性地分析事情。小 S 除了搞怪、脆弱、简单，真的没了其他行头，但我依然更喜欢她。可能是我的内心总善于保护弱者，所以才会对小 S 有莫名的保护欲望吧。

虽然小 S 是明星，但我觉得她的角色更像是沟通者，介于明星和普通人之间的媒介。不管是在电影、节目或现实生活中，她受了委屈，会一个人哭，但一定会对着众人笑。

我曾看到很多文章说她这些年没有成长，面临转型困难等问题。我完全不觉得如此。毕竟她的真性情，就可以打败很多明星，包括她最羡慕的姐姐。

她在微博里一边哭，一边说话，我反反复复看了很多遍，为她流下眼泪，也回到了我的少女时代。

2

记得上学时，有一次挑选舞蹈演员，我没被选上，很失落。

我最好的朋友鹿鹿被选上了，她很开心地朝我扑来炫耀。我没有理她，反而跑开了。想想那个时候是多么单纯，多么傻，丝毫不会掩饰内心的情绪。

以后每一天放学，鹿鹿都不能陪我一起回家了，她要排练节目。其实也有一些没被挑选上的女孩会在放学后去看同学跳舞。我那时真的是嫉妒鹿鹿吧，她是我最好的朋友，她拥有了我想拥有的东西，我只能离开，带着少女的自尊和骄傲。

鹿鹿显然也察觉到了这一点，她有些不安，同时也有些生气，她不明白自己最好的朋友为什么要这样做。但比我懂事、比我早熟的鹿鹿似乎又能理解我，她像往常一样陪我写作业，陪我玩耍，陪我做一切我想做的事情，除了练舞蹈这件事。

每天放学后，我就一个人在家一边跳一边唱她们排练的那首歌，自有爸爸妈妈给我鼓掌，自有哥哥给我喝彩。一次，鹿鹿跑来我家，看到我们一家人那么和睦、开心地看着我跳舞，居然悄无声息地跑开了。我太理解她的心情了，就和我看到她被选上时一样吧。

每个跳舞的女孩都分了一盒胭脂，把它涂在脸蛋上很好看，粉粉嫩嫩的，虽然哥哥说像猴屁股，可我喜欢那样的猴屁股啊！

哥哥说："你们女孩子就喜欢这些没用的，你要对好朋友好一些。"

"可是，我也希望好朋友对我好一些啊！"我哭着对哥哥说。

我们争吵了半天，没有注意到鹿鹿就在我们家门外。那时我们家是在小镇上，不像现在的城市，都有门锁，外人得敲门才可以进来，那时家家户户都是院子，可以直接跑来的，几乎是不设防备的。

鹿鹿听到这些，并没有立刻离开："Hi，娜娜，我是来把这个胭脂送给你的。"

"为什么呢？"我不理解她的做法。

"我要转学了，这一次的节目，我也无法表演了。你会代替我去表演的。我都跟老师说好了。"鹿鹿认真地看着我。

"真的吗？"我丝毫无法掩饰内心的喜悦。但看到鹿鹿忧伤的眼神，我觉得自己似乎太过分了。毕竟她是我最好的朋友，她把表演的机会让给了我，把胭脂让给了我，她要离开我了，离开学校，她什么都没有了。

我们默默坐在我家树下的椅子上，彼此给对方梳妆打扮，涂抹胭脂。我哥哥拿来镜子，让我们看镜子中两个"猴屁股"一样的脸蛋，我们大笑起来，好久没那么开心了。

没过几天，她真的转学了，去了其他城市读书。她走那天，我追着她的车跑了很远，但后来，我们再也没联系过。

我听妈妈说，她的妈妈得了很严重的病，白血病，他们要带她去很远、很大的城市看病。

我听妈妈说，鹿鹿是个可怜的孩子，那么小妈妈就得了那么严重的病，没有人疼。从那时起，我就很怕听到"白血病"这三个字。

而我终于明白了，瘦弱而早熟的鹿鹿为什么那么喜欢一个人默默站在我家的院落里，听哥哥给我讲故事，她为什么会提前转学，要把跳舞的机会让给我。而我知道这些的时候，已经太迟了。

握着红色的胭脂盒，那是我人生中拥有的第一件化妆品，也是我唯一的伙伴送给我的唯一的玩具。它陪了我很久，直到一次搬家，再也找不到了。

我渐渐才明白，成长的路上很多东西都会丢掉，但我对鹿鹿的思念和牵挂却一直都在。

从那之后，我好像不会再嫉妒一个人了。

3

一个女孩"曲中幽伤"在我微博上给我留言，说要给我讲一段爱情，一个关于放下的故事。

她一直暗恋一个大学同学四年，没想到那个同学提前向和自己关系最好的室友表白，并成功了。她难过极了，一边祝福她，一边流泪。

室友问她怎么了。

她说这眼泪是为她的幸福而落，毕竟大学都毕业了，他们才开始恋爱。然而她内心真实的想法却是，你为何要横刀夺爱。

她的羡慕嫉妒恨，她的痛苦与期待，在大学毕业前的阶段，被撕成了粉末。当她乘坐飞机离开那座城市时，她把这粉末撒向过去。虽然不能从容地与过去告别，也不能立刻放下嫉妒，她却在一瞬间成长了。

多年后，她和那位室友再见面，得知他们最终恋爱多年，种种虐心，还是没有走到一起。"曲中幽伤"只是觉得可惜，同时也有些庆幸，还好当时表白的不是自己，幸福的不是自己，但受伤的也不是她。

我一直觉得，成长是一瞬间的事情，并不是反复折腾之后，你才真正长大了。而是一旦你从容地放下那一刻，对，就是那一瞬间，才称之为成长。

你没有看到事情的始末，也无法看到人生的全部，只是在某一个阶段，一些人拥有了你一直想拥有的东西，你肯定会羡慕她。可你看不到她背后的承担，也看不到故事最后，她又是否真正拥有了你的期待，所以，总有一天，你会后悔自己的嫉妒，收回自己的嫉妒。或者像我一样，真的不会嫉妒一个人了。

平凡如你我，普通如众生。没有谁会比谁过得更轻松，每个人的路都很难。许多事情，沉重婉转至不可说。但你我都应该拥有做梦的权利。

我们可以笨拙，可以缓慢，可以直爽，可以不一定被很多人喜欢，讨好很多人。

但一定不要嫉妒，不要缩在角落，不要一个人闷闷不乐，不要对很多事情太悲观。

你一定会遇见你想遇见的人，也会得到你想得到的东西。你所嫉妒的，可能恰恰是你所缺失的，人生不完整的一面，也是你要努力去修缮的一面。

人虽然会因为不满足而去努力变得更好，但也会因此低落，丧失信心。

希望亲爱的我们，都属于前者。

做一个能给人带来小幸福的人

　　和学妹的认识很偶然，我新书上市时，她通过校友加到了我。

　　第一句话就是："我很喜欢写作的人，我可以和你做朋友吗？"

　　我没有回答她。

　　她就在我的朋友圈，每次都会给我的状态点赞、评论，也会给我留言。我并没有在意她。

　　因为我的一些读者也会这么做。有一个男孩一直跟我说晚安，说了很久，当我习惯他的晚安时，他却离开了。原因是他向我说晚安的这段时间失恋了，现在走出来了，也遇见了新的爱人，他不必再继续跟我说晚安了。

　　可这个学妹不同。她真的是从一开始到现在，都对我格外友好，热情。一些人对你的关心是无法掩饰的。我觉得她就是那种可以带给别人微小幸福的人，很温暖，也很贴心。

　　一个冬天，一次校友会上，我们终于见面了。我是分享者，她就坐在我对面，我看她果然看上去和我想象的一样。她问了我一个问题，远方是哪里，我们要不要去那里？

远方可能就是你无法到达的地方，你一直追寻的地方。很多远方我们根本无法到达，能力有限，人要慢慢走路，才可以越走越远。

我们第一次见面时，她很兴奋，一直待在我身边。聚会结束的时候，她说要给我分享一个故事。她明天就要离开北京了，她在北京待了四年，离开的感觉就像毕业。

读高中的时候，她的父亲因病去世了。那年她高三，弟弟高一。她顺利地考上了大学，弟弟考上了一个专科学校。弟弟自嘲："读这个学校还不如去打工，去认识世界。姐姐，你去读书吧，我来供你读书。"说完，不到一个星期，十八岁的他就坐上火车，前往了南方。南方的南方，是一座座山，被雾气缭绕，被山风灌满。潮湿的梅雨季节隐藏了一个男孩的大学之梦，也写满了一个年轻人的无奈。

他就在南方那个城市，做着和成人一样的体力活，每天晚上都会看会儿书，或读姐姐写给他的短信。他是多么羡慕姐姐，可以读大学。他又是多么爱她，每次拿到的薪水都会如数打给她。她的银行卡里从未断过钱，每当短信有提醒，她都很高兴，一定是弟弟，但她同时又很难过。这可是弟弟的青春啊，他用岁月做交换，赢得了她读书的时光。

她暗暗告诉自己，一定要回报弟弟。等她大学毕业了，就好好攒钱给他买房，看着他娶妻生子，看着他幸福满满。而自己要做的就是努力赚钱。

毕业后，她一个人来到了北京，每次发了薪水，她也像弟弟一样，除去花销的钱，把所有钱都打给了弟弟。她爱他，是她看着他长大，是他陪伴她走过最辛苦的年华。

她对我说："学姐，我是一个女孩，也爱美，但你能想象吗，我在北京整整工作了四年，从未有过任何夸张的消费。我只要有了钱，就打给妈妈，存起来给弟弟买房。这是我在这个城市的使命，现在我完成了，就要离开了。我要回到妈妈身边，好好照顾她，就在我们那个县城找一个工作，再找一个男人嫁了。我想过那种很平凡的生活，每天可以看到家人，那样我会很安心。在北京这四年生活得很辛苦，但我一直没有找到安心的感觉。"

我听过许多来到或离开北京的理由。

这个光怪陆离的城市，我们来到这里是为了梦想、欲望，等等，那我们离开的时候，多半也是因为失意或理想的破碎。我们可以快速来到这里，也可以快速离开，城市不会留恋你，但你会念着它的好、它的坏、它的一切。

她还说："我是多么羡慕你啊，学姐，有梦想，而且正在实现的路上。我的想法却很简单，我的梦想就是和家人在一起。"

那个下午，听到学妹的回答，我很羡慕她。人在北京工作那么久，不是说走就能走的。

人活着真的挺难的，每一步每一个选择都很难，但她让我看到，有些人的生活却是这么简单。她没有欲望，只有真诚，没有故作天真，却也没有成熟到世故。她就是那么简单的一个女孩，简单到只有一个心愿——为弟弟买房。

繁华的街头，漂亮而年轻的女孩走过，她们一边欢笑一边走着。我不知道她们背后的故事，她们是否也有辛酸，也有苦难。我只知道我眼前的学妹也曾是她们中的一个，她把所有的爱都拿出来献给了弟弟，就像弟弟不顾一切地助她求学一样。

就像我身边的那个同事，她为了供男朋友读书，一直努力工作，赚了钱就给海外的他寄过去，她不求他毕业了会娶她，仅希望他能快乐地生活；就像我家隔壁的张阿姨，每次做馒头都会想起我，都会给我送来几个，她说想让我在北京品尝到山东的味道。

可能我们每个人都有梦想，梦想去做轰轰烈烈的大事，去做世人皆知的人物。可有些人却只想做一个能接受幸福并为别人带来小幸福的人。他们并不想与其他人争夺什么，只想安静地陪伴着。

他们只拥有一个很小的心愿，或仅有一个善念，然后默默地去完成它，实现它，保护它。他们可能一生都是小人物，可如果每个人都愿意做这样的小人物，我相信世界不会那么膨胀，我们身上还会保留内心的纯净和美好。

一路走来，可能会孤独，偶尔会陷入困境，但一切都难不倒他们。因为他们有信念，有需要帮助的人，有可望而可即的生活。他们不会好高骛远，只想走安安稳稳的路，过普通人的生活，而这没有什么不好。

我羡慕那个可以带给他人小幸福的人，他们身上保存的是善念，是感恩，是长大之后依然保有的天真。

余生，我也愿意做这样的人，以我的善念温暖每一个需要我的人。

生活是什么呢，是不知如何是好

一个夏天的早晨，突然被窗外那条街上卖东西的人吵醒了。醒来奇怪，那一瞬间，我好像回到了少女时代。

记忆中，我的少女时代经常会在这样一个最普通不过的早晨醒来，不过五六点钟，很多生意人已经起来，就在街上摆摊，等到七八点，街头早已人头攒动，不到十二点，热闹的人群已经散去。除非是过年，即使是下午，即使是下雪天，街头依然走动着很多人。

有时，那些老人明明什么都不买，也要来凑个热闹。就像我每次回家，都会从小镇的西头走到东头，走过最繁华的地带，我两手空空，什么都不会买，但我却很满足。看着小百姓的日子，掏钱时的自豪感，购买东西时的豪气，顿时觉得自己也很幸福。

年幼时，小镇上的热闹总会被一些人打破，比如我的爸爸。

他是工商所的，在小镇的人口中，他就是那个可恶的"收税"的人。他们想不通，凭什么我的爸爸穿一身工商的制服，撕几张纸票，他们就要给他钱，所以，他们对整个工商局的人恶意满满。

还记得那年夏天，一个人和我的妈妈就在我家门口争吵，我那低调而温柔的母亲流着眼泪。而我的勇气如被一阵风鼓起顿时充满了身体，我嗖的一下冲到了那个人身边，咬住他的手，拼尽全力，不肯松口，任凭他打我的头、我的脸，我那时的信念就是，谁让你欺负我妈妈呢？

我妈妈让我松口，我终于松口了，留下一个哇哇大叫的他，还有满是担心的妈妈。我穿过那些看热闹的人，穿过那条街，一直往东跑去，我一直跑，一直跑，泪流满面。我心想，我一定要离开那条街，离开那个小镇，离开这样的生活，离开那些野蛮的人，离开原来的我。

是的，多年后，我终于做到了。

从十六岁那年起，我背着画板前往中央美术学院学画画的时候，我真的做到了，可以很多年不回家，可以不顾一切地去做任何事，可以忘记我曾跌倒的那条街。等我完全脱离那条街、那些人，我又想试着回去，试着说服自己，去接受，去热爱，那条街上所有恶意或善意的老邻居，那些让我记忆模糊的人，那些别人津津有味地道来我却早已忘记的故事。

可是，我却悲哀地发现我真的回不去了。纵使给我一千万个可以回去的理由，我依然做不到。我用了十四年的时间，一直奔跑，不肯停下来，我想逃离，想洗掉原来的自己，但我只要在某个陌生的城市一个转身，一个清晨，一个午后，一次失眠的夜晚，家乡的小镇扑面而来，它的气息就游荡在我周围，告诉我，快回家，莫迟延。

有时，我想带着梦想，远走高飞，再也不回头。而就在这个冬天的早晨，因昨晚的一场雪无比寒冷后，就在这个冬天的夜晚，人声沸腾后，我的小镇，又带着它的气息回来了。或许，它就是我生活本来的样子，我无处可逃。

我依然记得那年高考美术，我在潍坊高考时丢掉了身份证，于是，我跑到垃圾桶，找了三个垃圾桶才找到它；我还记得我和那些同学就站在青岛的海边，丢硬币来决定考哪个大学，那是我第一次看到大海，我并不激动，而是满怀忧伤，很担心自己考不进如意的大学；我还记得那年我们就住在一个大通铺，早晨起来，我发现自己的钱丢了，却憋着眼泪流不下来，最后只好向同学借了钱，才算是度过了那几天。我隐约还记得自己当年很骄傲，却无法像过去那么从容而乐观地对待一切。我依然记得自己曾给一个高中同学买菠萝吃。他告诉我，那是他第一次吃菠萝，原来和苹果的味道是不一样的。如今，读完大学后，他依然生活在小镇的那条街上，做着简单的手工活，养活一家人，真实而盈满。

可每次看到身边的人离开这座城市，把他们送到火车站，虽然内心会伤感，但我还是会长呼一口气，幸好我还在北京，没有被迫回去。

我无数次地思考一个问题，我还可以回到从前那个县城去生活吗？

我当时的离开，只是为了更好地回去，但如今，我却再也不想回去了。我知道，总有一天，我会在某个城市的角落拥有一处房子，春暖花开，冬日里也不会寒冷。我会拥有自己的生活，平淡而幸福地走着路，日子是重复的，再也没有奔波，或奔命。我不必再抗争那个少女所要抗争的一切，我会拥有自由，可以选择，可以遵从或反抗。

而当我逐渐拥有这一切的时候，我却开始怀念那条街上，那个努力奔跑的姑娘，那个为了考上理想的大学，每晚不关灯睡觉，醒来就看书的女孩，那个从没有过寒暑假，每到周末和假期，就背着画板去青岛、去济南、去北京□画的女孩，我很想与她握手言和，却发现做不到了。

每次我看到地铁上、街头背着画板走路的女孩，就很想走上前去问问她，她是怎么看待生活的？

她好像淡淡地回答，**生活就是不知如何是好，但是我们只能一直往前走，不必为过去的一切后悔。**

我泪流满面，突然懂了她所说的以及所经历的一切。

爱会发声，但愿你懂

1

随着成长，我越来越觉得自己并不知道如何去爱一个人了。可能是一个人生活久了，可能是父母对自己的期待太高了，也可能是自己给自己的压力太大了。尤其是我去做一件事情的时候，没有如愿，自己便容易沮丧。

前一段时间，我报名去参加修复自我关系的心理课，跟着老师上了一个月，不过十二节课，却觉得收获颇丰。

我问老师，人生不可能只若初见，要维系一段感情，就要付出。可是为什么我们付出那么多，依然会觉得无所获。是期待太高，还是不够努力？

老师说，当一个人与自己和解时，才能原谅自己的所失、无力，并为自己的所获感到快乐。只有一个人完全接纳自己，才能感受到爱，爱会发出它的声音。

2

就在这个夏天，我每次走到地铁站，都会看到一群人围着几个中年男人，中年男人身穿黑色上衣，表情投入，正在演奏音乐。他们演奏一曲，结束后，众人喝彩，于是又演奏，一直到很晚才结束。第二天，他们还在，第三天，如此持续了一个月，这些人一直还在。此时正是北京最热的盛夏，别说是站着演奏，只是在外面站着听，满身都是汗水。

这场表演是一个老男人老高头送给儿子的礼物，也是他对儿子的亏欠。他唯一的儿子走了，是一场车祸。他没有给父母亲留下任何一句话，老高头却把他临走之前想说的话想了一遍又一遍。生前，他从未对儿子好言好语说过一句话。儿子特别喜欢音乐，他整日讽刺他不务正业。儿子毕业时，老高头辛辛苦苦花重金找了一个在编的工作，儿子只干了三天。儿子后来找了一个女朋友，两个人偷偷把老高头在北京的一处房产卖了，说要拿去澳门开赌场，赚很多钱，然后开演唱会。结果，全部赔掉了，据说女朋友也吓跑了。

老高头气得一句话未说，从此以后，他再也不理儿子了。

直到儿子出车祸这天，他才发现自己其实有很多话可以对儿子说。年轻的时候，他也喜欢音乐，喜欢漂亮姑娘，喜欢打群架，也想过开赌场，骑着自行车打架，也是一把好手。他其实也是一个浪荡子，有许多趣事可以跟儿子分享，只是他听不到了。

他找到了赎罪的方式，就是组织一支乐队，在地铁站唱歌，告诉儿子他想说的话，表达他的爱。老高头是条汉子，说干就干，没有半点犹豫。几个老兄弟也够仗义，找不到话安慰他，但是为他站街头，一起表演节目，的确有挑战，毕竟大家都不是科班出身。

此时，他终于和那个固执而拧巴的自己和解了。若是回到过去，他不会再对儿子有任何抱怨，望子成龙的老高头最后的心愿如此简单——只要他活着就好，只要好好活着就行。但他已经没有机会跟儿子说这些了，儿子已经离世，以后再也无法相见。

老高头反反复复折腾，想换得的不过是原谅自己，原谅那个一直对儿子高期待的自己。他以一种方式赎罪，来告别儿子和自己糟糕的关系；他以一种方式结束，却无法再开始如此深刻的父子之旅。人间所有的关系可能都是索取和满足，一方需要，另一方给予，若一方不能满足，便会引来争执，甚至会牺牲这段关系。

我们拥有了一段又一段关系，却不知道哪段关系才是真实的，值得倾注所有。直到你失去一个人、一段关系，才明白所有的人际交往，不过都是交换。拿你的真心、时间、经历，换得他人的尊重，换得世事的圆满。

可终究有一日，我们会放弃修复所有的关系，会灰心丧气，会不再求得他人的尊重和理解，反而只想与自己和解。

我们都是如此，拥有时不知珍惜，失去时追悔莫及。

特别期待自己最爱的人成为盖世英雄，越强大越好，反而走到最后，并没有什么期待，只希望他平安就好。时间很快，人生很短，好好活着，比不负众望重要得多。

3

特别喜欢阅读蒋勋先生的书，几乎他所有的书我都听过或看过。

记忆深刻的一个细节是，他写道自己曾出版过一些书，谈过美学，谈过诗歌，还写过一些小说和散文。他说自己最终的著作应该是一本忏悔录。他相信，最好的文学应该是一本诚实的自传，但他自己一直没有勇气面对，这是他人生最重要的功课。

他一直觉得自己的母亲手里握着一把剪刀，它的名字叫"爱"或"关心"。尽管他在外面已是非常著名的作家，但回到八十多岁的母亲面前，他依然是个孩子。母亲就倚靠在门前，聊他小时候的糗事，对着他的羞耻感说："这有什么不可说的？"

当然，在母亲面前，并没有什么不可说。只是人长大之后，会有隐私和羞耻感，会因为自己的地位对他人的言语有所忌讳，会对世界抱有美好的期待。希望它待你，如你待它那般友善，多半会失望。

我想大概是因为这些，他才想着在最后一本书中写忏悔录，忏悔自己为何不能接受母亲这种形式的爱和关心。然而本心不可违，终其一生，我们要做的不过是接纳过去，接纳别人的爱，接纳别人的不认可或不满意。我们的脆弱，我们的无能为力，我们对这个世界幻想的破灭，多半是自己未能得到一个满意的结果而产生的失望。失望可大可小，可殃及自我成长，也可让一切停滞不前。

爱会发出自己的声音，尤其当你真正学会爱自己的时候。

不妨降低对他人的期待，试着理解他们爱的方式、爱的语言。除此，最重要的是，要学会与自己和解，原谅自己无法做到一些事，且不对他人存有过多的期待。

一个人的节日，也要花好月圆

年中公司员工拓展，我没有参加；年末公司年会，我依然没有参加。春节为了赶稿子，写舞台剧，我没有回家过节。

仔细想来，很多节日，我都没有回去陪伴家人。十六岁那年出来学画画，我都是一个人过这些适合热闹的节日，且已经习惯。

慢慢地，我真的很怕过节与很多人聚在一起。慢慢地，我好像患了集体活动恐惧症。这些年活得忙碌，忙碌到有些糙，糙到可以忘记失落，忘记本应在意的孤独。

可每当中秋节的时候，即使不吃月饼，我还是可以闻到它香甜的味道。

我从未认真吃过月饼，对它的味道认识依然停留在十三岁那年，姨妈从她家抽屉中取出一块月饼，对我说："快来尝尝，这是新做出来的，新鲜着呢！"

我打开那月饼，吃得很慢很慢，仿佛要把那味道全部品透，才肯咽下。此时，早已记不得那月饼的味道，只觉得姨妈那个抽屉是百宝箱，我每次去她家，她都能从中拿出许多好吃或好玩的东西。

儿时，我喜欢住在她家，和她的几个孙女玩得很好。她们家有一片很大的苹果园，我们每日在其中跑来跑去。我最喜欢爬苹果树，爬到最高的地方，摘那个被太阳晒得正好的苹果。

一次，我不小心从最高的树杈上掉了下来，委屈地一直哭，我清晰地记得姨妈家的孙女君君对我说："小姑，我把这新鲜的苹果摘下来，给你做成水果馅的月饼。你可等着我，马上做好了！"

然后，她把几片树叶叠成圆圆的样子，最后一个角，她一直叠不圆，她说："就这样吧，虽然不圆，但不影响味道。"

我看得认真，竟也忘了疼。我拿着她送我的礼物，问："你说，这个世界上有苹果做成的月饼吗？"

"有啊，当然有！"

"是什么味道呢？"

"就是水果加糖的味道，把水果的味道保存起来。"

"任何东西都可以保存吧？"

"对呀，加很多糖，或很多盐，所有的东西都能保存起来……"

可我心中想的却是姨妈从抽屉里拿出来的那枚月饼的味道，夹杂着芝麻、花生、果仁的清香……再后来，我记忆中就没有月饼的味道了。或许是长大后吃的美食太多了，月饼的味道并不算特别的，慢慢也被混杂在众多甜食中，再也品不出特别的味道。

小时候，我是那么偏爱甜食，恨不得含着糖睡觉。如今，吃一口甜食都觉得腻，怎么也吃不下。我要减肥，我要健康，我要……我想要的东西太多了，全部都与那甜腻的食物是敌人，所以，我不敢吃，不能吃，也对抗着儿时最喜欢的味道。

君君曾给我寄来一盒月饼，她告诉我，这可真是把水果味保存起来的味道，你记得吃啊！

我一边忙碌一边答应："放心！我都吃了它。"

可我只是随口答应了，却又把它放在了工作间的角落，忙碌起工作，早已忘了它，忘了时间，也忘了这团圆的节日。而后那一年辞职，清理自己工作区时，我才发现这盒月饼，很多记忆顿时涌了上来，我坐在办公桌下，打开了其中一块月饼，吃了起来，我吃得很慢很慢，脑子里没有什么回忆，只有姨妈家的抽屉，还有那片飘香的苹果园，那几个疼爱我的女孩，总在为我寻找最大的、距离太阳最近的苹果……可惜，我们已经十年未见。

这么多年来，我记忆力越来越差了，被人伤害过的、欺骗过的、羞辱过的、赞美过的、拥抱过的，以及那些贫困潦倒的时刻，都被我淡忘了。我唯一记忆深刻的就是温暖的时光，美好的瞬间。

我突然顿悟，那个女孩那句"童言无忌"的话——所有的东西加很多糖或盐，都可以保存起来。唯一的遗憾是，我们找不到那么多糖或盐。即使找到了，却发现珍惜的东西难能可贵，你又不想保存。

我的心太小了，我的世界也太小了，有限的空间，只能存留美好。

而我美好的可以保存的记忆，都跟这秋风微凉的季节有关。

中秋节那美好的味道究竟是什么？

一定不是十三岁时，我慢慢品尝月饼的小心翼翼；一定不是我蹲在办公桌下面品尝到的记忆的味道；也不属于一个人漂泊的城市。它属于家人团聚的温馨和欢笑，属于一个人的期待和美好。如果你感觉到它，或品尝到了，请好好珍惜。

我知道，拼搏在外面的你我，很多节日，也和我一样，都是一个人度过的。

就像那次我问候一个大学老师，节日快乐啊！

她说，节日最不快乐，这些年，都是我一个人过，哪有快乐可言？

老师的女儿移民美国，一直劝她提前退休，早点去美国和他们团聚。她却一直拖延，直到快退休时，又申请延长工作的时间。老师说，她怕闲下来，会想很多事情，工作让人心安，也只有工作让她有存在感。

最后这句"工作让人心安"点醒了我。我很怕自己以后也像老师一样，一直是一个人过节，一个人祝福。即使是在最该享受生活的年岁，还是放不下工作。但我又怕融入那集体中，只剩下一片热闹与喧哗。

姨妈家的孙女跟我说的那句话，迎面而来，所有的东西加很多糖或盐，都可以保存起来，比如月饼、糖块、咸鱼。任何你想保存的东西，都可以保存起来。

　　我终于明白，这些东西不仅保存了美味，也保存了我的记忆、思念、童年，以及永远回不去的时光。但愿下一个节日，我不仅能品尝到美味，也能与你们相聚。所有的节日，之所以花好月圆，是因为有你们存在。

陪伴就是最好的礼物

我出差路过山东老家，没有停留一分钟。当我到了北京，我的妈妈才小心地告诉我，爸爸生病了。我有些怨恨自己，于是，又请假从北京回到了山东。

见到爸爸时，看到他在医院打点滴，我的泪就流了下来。他说："你还是要回去好好工作，工作才是最重要的。"

"没有，陪着你更重要。"

"看哪，看我给你准备了什么。"

他伸出手，我一看，原来是一个存折。他知道我刚刚买了房子，经济紧张，于是他自己每个月领了工资，都要偷偷地给我留一部分。

小时候，总盼望爸爸下班归来，或出差归来。他总喜欢给我带各种好吃的、好玩的东西。现在每当我发了薪水，第一件事就是给他买东西，习惯忽略妈妈。

以至于妈妈总问我，你为什么不给我买东西呢？

我总是想起这样的场景，爸爸下班了，拿了一串水果、一本书，或一件衣服，朝我喊："快点看看我给你带了什么！"

然后就是我雀跃地跳着喊着跑向他的欢快的叫声。

求学后，我们见面的机会越来越少，但只要见到，总是他在对我招手："看哪，看我给你准备了什么！"

工作后，见到的世界越来越大，新鲜事物也越来越多，之前去各地出差或旅行，总是很难想到他。

即使回家，看到他开心地为我准备的礼物，或许因为当时脑海里想的是工作，或许恰好想去见朋友，总会淡淡地说一句"知道了"，却从未想过他的失落。

直到一次去临汾讲课，临走时，老师问我："不带点东西给家人吗？比如我们这里的汾酒。"

我的反应居然是："啊，带给我爸爸？"

"是啊，他若喜欢喝酒的话，你不送爸爸礼物吗？"

"也可以，那给他寄一箱子酒吧。"

我给他打电话说我买了礼物送给他，他开心极了，却要故意推搡："哎呀，浪费钱不是，我这好酒多得很。"事实上，听妈妈说，他特意组了个酒局，招呼一群人来喝酒："快来，尝尝我女儿给我买的酒，特意买给我的。"

从那以后，每次出差我都会给他寄一些礼物，当地的特产。如，到了福建，寄了闽南的肉粽；到了绍兴，是黄酒；到了西安，是辣椒；到了父亲节，便是衣服，我的思念随着礼物来到他的身边。

他也开始越来越依赖我。

每次我说要回家，他都会开车到商丘去接我："别看我快七十了，我还是能开车带你去你想去的地方，你还可以依赖我。你不要担心嫁不出去，一个人过也好啊！"

想来真是幸运，我的父母给予我太多自由，从未催促我结婚，一切都任由我的性子来。多少次，我都很想带着一个人来到他身边："喂，老头老太太，就是他了，我认定了。这一次，我要嫁给他，嫁给爱情。"但直至今日，我都没有这样的机会，尤其是这次我的爸爸生病了，我很担心直到他永远离开我，我都没有机会带这样的男人去向他炫耀。

我虽然是写励志故事的作者，但事实上，我很悲观。我总觉得自己把所有的温暖、所有的能量都传递给了别人，所以，我抱着剩下的荒凉和孤独，就在这城市角落里一点点暖热，再写成故事给别人看。

每次我的爸爸妈妈都是我最好的安慰者："你可以写故事，就是一种文字组合，多么神奇，你永远是我的骄傲，你好好写。"

每次我出差演讲，很想辞职，坚持不下去的时候，又是他们说："其实你这也是做善事，要坚持下来。那些孩子太苦了，但你就是他们的一束光。所以你要多读书，多把好的东西带给他们。"

但这次，我的爸爸生病了，他就缩在医院病床的一角，打了两个星期的点滴。我看着他，陪着他，我知道我们相伴的时光会越来越短。我突然想到读初中和高中的自己，也是在这家医院，爸爸带着我去打点滴。我那次因医疗事故，差点丧命，昏厥在医院的病床上。那种感觉直到今日还是如此清晰，所有的血一起涌上我的心脏，剧烈地疼，我浑身无力，冒汗，却没有力气拔掉针头。大概是爸爸与我有心灵感应，他说自己总觉得有什么事要发生，特意来看我。是他，我的爸爸救了我一命。

医生回来看到我这般模样，要吓坏了。

我善良而温和的爸爸，从未发过脾气的男人，有生以来发了第一次火气："你要是出事了，我定然是要找个说法，我……我……我，要把这医院填平。"

可惜我的爸爸，即使生气到极点，也不过说了一句这样的话。我性格随他，并不随我的妈妈。我妈妈性格急躁，聪明，喜欢不停地说话，我的爸爸却沉默，善良，温和，勤劳。

小时候，我总觉得自己的爸爸很忙，白天上班，回家就是拖地，喜欢养花，各种花。

直到今日，我也长成了这样的人。我喜欢养花，喜欢拖地，喜欢把所有的书摆来摆去。那时，我曾吐槽他："爸爸，你还能干点其他的吗？"如今，我却成了另一个他。

我毕业之后，就来到北京工作，九年了。每次回家，他都会送给我花的种子，他栽培的花。我平日里工作繁忙，却一直悉心照料这些花。慢慢地，我也能读懂他的沉默，他的寡言，他对我的爱。他说："养女儿就是养花，但我的女儿现在是这么好的花，却没有人珍惜她。"

我说："会有的，爸爸。你开始嫌弃我了吗？期待我嫁出去啊？"

"期待，也不期待，但我一定要看着你幸福地离开这个家。"

九年之后的自己，开始后悔，为何当初要选择离家那么远的地方工作。如今，即使我想带他们离开老家来到北京，他们也不舍得故里。我突然懂了很多道理，突然长大，突然如此依恋过去。因为我害怕失去他，害怕失去这一切。

想到一个男孩一年前的冬天对我说，他是家族的骄傲，他毕业于名校，一定要在北京闯出名堂才能走。他的青春，他的梦想，点燃了我。第二年夏天，他却离开了，在朋友圈发了一张图，配文是过一种没有必要那么拼的生活，去享受生活。其实，他可以不用那么努力，因为他家境很好。他之所以选择回老家，是想去陪伴父母。

他走的时候，我把他送到车站。他问我这么做，值得不值得。

我说："值得啊，可能你的父母需要你的陪伴，这远大于你一个人在外漂泊，获得某种成功。"

他调侃说："再说我可能很难成功，对吧？"

他可能没有理解我说的，我也没有给他解释。我想告诉他，生活中很多事情不像他想象的。如果趁着年轻，可以一边奋斗一边待在父母身边，才是人生和工作的上乘之选。

只是年轻时，我不懂这些道理。我一个人带着勇气，犹如千军万马，在这个陌生的城市打拼，终于闯出我的世界，还未站稳，却发现爸爸妈妈已经老去。可能直到你失去的时候，你才知道一些人的珍贵。当你拥有时，你居然毫无察觉，这才是最可悲的地方。

这个世界上真正爱你的人少之又少，父母在，人生且有来路，父母去，人生只有归期。在还拥有的时候，请好好珍惜，竭尽所能，在所不惜。

最后的最后，我问打点滴的爸爸："我应该送给你什么礼物呢？"

"你养好我送你的花，你写好你的书，你做好你的工作，你找个你爱的人。"

"还有吗？"

"没有了。然后，什么都做好之后，再来看看我吧！"

好的，一言为定。

你心中无爱，怎会懂"珍惜"二字

1

周日看完《悟空传》，我又重新看了一遍。

阿紫爱上了悟空，她先心动。后来，她听到了悟空心动的声音，可惜，她死在了他的怀里。阿紫为什么会爱上一只猴子？谁也说不清，就像我们都不懂爱是什么。

爱情在阿紫看来，就是悟空喜欢和她一起看晚霞。在悟空心中，爱情就是不管你是生是死，我只想带你去花果山看紫色晚霞。

这样的场景，一遍又一遍地打动我。看上一万遍，我也不会厌倦。爱的理由这么简单，本应如此简单，没有任何杂质，没有任何条件的选择。所以，悟空临死前一直等阿紫来跟自己说句话，听到阿紫拒绝他，他终于化为一缕灰烬。所以，阿紫宁愿与冷血的母亲为敌，也要为心爱的人复仇，反而因此丧命。

爱，就是不分生死，不为你我，不求得失，哪怕最终只是一场空。

悟空所说，这个天地，我来过，我奋斗过，我深爱过，我不在乎结局。爱过，就好。而我深深明白，两个同样喜欢看晚霞的人，看的不仅仅是风景，还有相同的内心世界。

找到一个只爱你内心世界的人，才是人之幸事。

2

我二十多岁的时候，曾爱过一个人，爱得天翻地覆，愿为其倾我所有。我从未如此勇敢过，结局却很惨。这场爱注定是我辛苦一些，内心戏也是我的多，因为他的家人也不是很同意他与我交往。

我一直无法放弃，每天跟他说早安、晚安。我曾想过，如果他能看到我的心，可能才能明白我的爱有多深。为了让他看到我的心，我对他很好，几乎是有求必应。

可他还是辜负了我，背叛了我，和一个他家人介绍的女孩在一起了。

我不死心，特意跑到他的家乡去找他。我就在他家小区门口站了一天一夜，他躲在家里不愿出来见我。我只能离开，但内心还是那么爱他。

他的妹妹对我说："姐姐，希望你幸福。你和我的哥哥不相配，我们家给他找了更为合适的女孩，她各方面的条件都很好。"

其实，那时的我那么年轻，爱得那么深沉，怎么可能说放弃就头也不回。但听到最后一句话，她的妹妹说那个女孩各方面的条件都很好，我果真就放下了。就在那一秒钟，我好像真的听到自己心碎的声音。我泪流满面，落荒而逃。

我再也没有联系过他，没有和他说过一句话。反而是他发现和那个女孩不合适，一次次地来找我。而我们再也没有见过面，我发誓再也不想见他，我已原谅他的残忍，也必须接受自己的残忍。

仔细想来，我爱他，不过是因为他诗歌写得很好，我觉得他的文字很有灵性，我很喜欢，除此之外，便无其他。

世人心中大多数人，都是一种衡量，你的条件，我的筹码，都要放到天平上去称一下，量一下，然后得出数据，得出结论。有时还要反复争论，比较。这样的爱，不要也罢。

我要的爱，就是那么简单，无须复杂。一旦复杂，必有所求，我只想无所求。无所求的爱实属难得，我即使无所得，也要一个人勇敢地走下去，寻找到那位肯陪我一起看晚霞的人。

3

小群的男友想分手时，一直强调一件事，那就是我们都要强大起来，一些路只能一个人走。人生的苦，没有人可以为你分担。他说了很多事，最后的落脚点是，他需要小群帮忙，她却没有帮他，他很失望，想要分手。

我为小群不值。每次他生病、出事，都是小群亲自跑去看他，付出精力、时间、心血，若这是他的苦，小群已替他承担。当他习惯一个人对自己好的时候，就以为那是理所当然。小群一句话没有说，只得让男友离开。

可能现在更多的爱情都是如此滑稽，我们要求对方付出，要求他们生死相随，无怨无悔，除此还不够，还希望对方肯为自己牺牲。若自己得不到满足，必然转身相忘，继续寻找下一个肯追随自己的人。

在这反复寻找的过程中，我们忽视了一件事，任何条件的衡量，都不及内心世界的沟通，任何希望对方的付出，都要先思考你是否值得，你是否真的爱对方，可有同理心去思考对方的处境。

当你对一段感情有所求，说明你的内心已经有衡量这段爱的标准。当你对一段感情有怀疑，说明你内心对对方的爱并不肯定。可爱不是俗世间有价值的物品，爱只是一种体验、一种感觉。

4

前段时间看一部电视剧《上古情歌》，男主角要拿河图洛书换女主角的自由。他给了女主角的哥哥和她夫君一个选择，是要女主角，还是要河图洛书。他们沉默了，女主角固然珍贵，但河图洛书是权力的象征，是他们拼命厮杀、梦寐以求的宝物。他们答应了男主角的要求。女主角落下眼泪，心有不甘，觉得哥哥和夫君过于残忍，但又要为大局着想。女主角后来掉下虞渊……

那时，她才明白，爱不过是找一个可以心安的人，可以一起躺在桃花树下看花落。

而这和阿紫对悟空的爱几乎一致，让阿紫爱上悟空的原因，不过是他和自己有一个共同的爱好——看晚霞。

我愿你爱上一个人，不是因为对方的财富、智慧，也并非他的条件，而是你喜欢上对方的内心世界，或者仅仅是他的某一个品质打动了你。

我愿你爱上一个人，是发自你的内心，不必被俗世所累，不必在意他人的言语。你只需在意自己的感受，把握好自己的态度。

不知此生是否还能遇见一个可以和我一起去大海边看夕阳的人，如果可能，我也会如阿紫那般执着。突然想起《小王子》中的一句话："一个人在孤独时就会爱上看落日"。有一天，小王子看了四十三次日落。

去爱一个人也是非常重要的事情，失去也是爱的一部分。不快乐和快乐，得到和失去，都是爱的过程，最终只是为了证明人生没有虚度，这是生命给我们的琐碎和必然。

愿我们都能找到那个只爱自己内心世界的人，不用比较，从不慌张，内心平静，步履不停。

我最想拥有的能力，是穿越时光拥抱自己

1

我有过一次特别短暂的不能称之为恋爱的恋爱，前后时间不到三个月。我已经记不清他的模样，他的名字也有些模糊了。

我记得当时我特别喜欢他，他也喜欢我，是他先向我表白的，我立刻就答应了，很开心地答应了，站在马路边哈哈大笑，他也跟着大笑。

可属于我们的快乐时光太短暂了。

一次，我们去商场吃饭，他却一不小心撞到了眼眶，当时的场景很吓人，我立刻带他去医院，记得一路鲜血直流，留在我白色的裙子上。我被吓哭了。

去的第一家医院，医生面无表情地说："给你两个选择，一是在我们这里缝针，可能会让你留疤；二是你去北京最好的一家整形医院缝针吧，那里的线很细，留疤的可能性相对小一些。"

我立刻做出选择，带着他前往整形医院缝针，那时已经凌晨一点。到了医院，我们发现，医院里来缝针的人大多是父母陪着

孩子。那么晚，来这样偏僻的医院缝针，若不是情非得已，十万火急，相信谁都不会来。

帮他治疗好，已是清晨，我们打车回去的路上，他对我说："通过这件事，我觉得我们并不合适，你看看，我和你在一起会受伤，若我妈妈知道，我们肯定走不下去了。我们的缘分到此为止。"

人往往都会在一瞬间做出决定，而那时的决定就是你在他们心目中的位置。我做出了自己的选择，他也做出了他的选择。

从此以后，我们再也没有见过面。

可是多年后，他却发疯地寻找我，终于找到了我的微信。他问我是否还记得他，说实话，已经模糊了，我只记得他的眼眶被撞到的事实。

我说："你的眼睛这些年还好吗？"

他说自己后悔了，那一次放弃了我。然后又讲了自己后来的故事。无非是他又遇见了新的爱情。

他们相处和交往的过程中，也遇见了各种问题。他去创业，赚了很多钱，后来又赔了很多钱。赚钱的时候，他们一起笑；赔钱的时候，却只有他一个人哭。原来，女朋友早已携款而逃，什么也没给他留下。那一刻，他突然想起我来，在他最关键的时候，依然对他不离不弃，带他去医院，还去最好的医院；他却没有好好珍惜我。

可一切都晚了，这些年，我们拥有了不同的生活，再也回不到过去。人生若只如初见，就会少许多遗憾。我再回想和他的人生有交集的时刻，不过是那次撞到眼眶的记忆最为特别，其他事情都已被忘记，是真实的忘记，也真是什么都记不起来了。

当然，他来找我，也并非是恳求我和好，也许只是怀念过去的一个故人，并后悔当时的所为，特意前来问候而已。

时过境迁，我们还是成了两个世界的人。他是商人，即使失败，还可以重新再来。我是文人，多年过去，傲骨依然还在。我无比惊讶的是，当时我们是何等相爱，并那么愉快。如今看来，我们分明是两种人，不可能有任何交集。

我也想过一个问题，若是我此时有了爱的人，他若眼眶被撞，我还能像少女时那么果断吗？立刻带着他去医院，不到一秒钟做出选择，然后带他去最好的医院缝针？

我会，一定会那么做。因为我不想让所爱的人受伤。即使受伤，我也要让他接受最好的治疗，这就是我简单的心愿。不管过去多少年，我还是那个不顾一切的少女，却没有遇见最好的少年，那个值得我珍惜且愿意为我抛开所有的人。

2

这些年过去了，我写过很多爱情故事，恋人却少得可怜。我有一个朋友，小布丁。一起出差的时候，她跟我说，她恋爱过二十多次。每次的爱情都很惊喜，结束的也很突然。

出差的路上本来是辛苦的事情，但能听到她给我讲那么多趣事，我依然很开心。

我记得她跟我说过一个爱情的片段。大概的情节是，她曾爱过一个微信上的人，那个人每天都在朋友圈晒他自己的照片，小布丁着迷于他美好的生活态度、品位，最重要的是，那个人长得也很帅。

但他从不与小布丁视频聊天，偶尔会给小布丁发一张自己帅帅的照片。直到有一天，小布丁发现他发给自己的照片上有一个名字，于是，她顺藤摸瓜，找到了这个人的微博，却发现了真相。她一直爱着的他，原来是个骗子——他所有的照片，不过是一个网络红人的生活日常。

小布丁立刻拉黑了他。

我说，其实长相是次要的，你们天天聊天，可能你也是真的喜欢他，彼此有共同语言，其实也可以试着走下去。

小布丁说，**所有爱情开始的时候，都可以美妙到妙不可言，但结束的时候，却各有各的辛酸。爱情走不下去最重要的一点其实是，你们愿不愿意为彼此承担，承担彼此真实的生活、梦想，以及不被掩饰的赤裸裸的人生真相。**

我突然又想到前些天突然加我微信的那个眼眶被撞到的男孩。

当时被吓坏的我，想得最多的是，一定要带他去最好的医院治疗，千万不能留疤。我记得他问我："假如我的眼睛留疤了，或者眼睛坏了，你还会跟着我走吗？"

"会的，我会一直陪着你，带你去看病。"我回答道。

可惜的是，他却一直怀疑我的真诚，怀疑我的真心。我愿意与他承担的一切，恰是他多年后最想拥有的情谊。而当时的他却是那么果断地放弃了我，认为我是一个只能带给他灾难的女孩。

此时的他在我面前，一次次忏悔，说当时他太不成熟了，所做的选择和决定，都带有赌气的意味。若是换到今日，他一定不会惊慌失措地判断或伤害我。

彼时与此时已过多年，我那时还不懂得小布丁口中的承担是什么，也不会分析爱情中的利弊，我只能跟着自己的心前行，走错走对，皆是运气，也是江湖。

可我如今又特别怀念当时的自己，一无所有，却犹如千军万马。

爱来时轰轰烈烈，愿为此付出生命也不可惜。

爱走时，任由他如东流之水，缓缓走过，我不会说你留下来，也不懂得挽留。

可那时的我，是最好的我。此时的我，只留下怀念。

后记：这路上，热爱让我步履不停

2017 年天气有些特殊，比往年热了许多，也比往年雨水多。几乎每个夜晚都会下一场大雨。我听着雨声，有时在看书，有时在写作。

这一年，我刻意减少了许多出差的工作，拿出很多时间陪伴父母，去其他城市看我的那些好朋友。朋友问我那么忙，怎么还会找时间来看他们？

这是我来北京的第九年，再加上高中在北京学画画的三年，我已在这个城市待了十多年。这十多年，是我人生最好的年华。2018 年秋天，我可能要去捷克留学，离开北京。我去见了很多人，或许这也是一种告别吧。

我是一个悲观的理想主义者，我不仅爱这个世界的华丽，也爱它的沉默。我坐在空荡荡的街头，虽然这是城市最繁华的地带，咖啡馆却空无一人。

刚刚那个和我交流过的朋友，是我之前的同事，就在前五分钟，她还坐在我面前，给我讲这些年她的故事。讲完之后，她就要带着行李和心事前往法国。她是那么努力，一直以来都是我喜爱并尊敬的年轻人，可我又觉得那么可惜。

在别人都有家可回，享受天伦之乐时，她和我，以及我们这样的女孩，还要一个人支撑着梦想，一个人勇往直前，一个人在陌生的国度或陌生的城市打拼，过得难免辛苦。可是这么做，到底值得不值得，每个人的答案肯定各不相同。

我时常回忆那些过往的日子，如流水般，唏嘘不已。假如再给我一次选择，让我回到过去，我还会过这样的生活吗？

我应该还是会像现在这样，因为这就是我热爱的生活，我热爱的文学。我要写一辈子，一直写下去。可能路上空无一人，但我的孤独是饱满的，没有紧张，没有恐慌。

于是，这两年，我刻意远离人群，远离喧嚣，远离那些认识我的人。我去旅行，走过很多地方，我知道很长时间以来，我从未这样放纵过自己，但我希望找到自己，重新认识自己，与自己对话。若我无法成长，我便无法与这个世界很好地相处。

人生就是步履不停，所以故事也不能停歇。

每个作者都有自己的成长之路，一步一个脚印地往前走，谁也不知道自己的未来在哪里，或许以后我可能会创作小说，写电影剧本，也会继续写类似此时的短篇故事集。但只要去写，只要能去做这件事，我就觉得活着很有意义。

每个人的生活都有很多无奈，得不到，或已失去。

我们都要面临被别人选择，或被抛弃，或被得到。

但在文字的世界里，我却如此自信，我知道只要我努力，愿意思考，多去阅读，这灵感，这天赋，就不会离开我。我愿意一次次打开自己的内心世界，把我的好、我的坏、我的坚强、我的软弱、我的一切，一一展现给你们看。在我的文字中，我毫无保留。我的热情、我的沮丧、我的期待、我的丧失，都在这字里行间，满满都是诚意。

失落时，我曾沮丧到想一了百了，曾无助到夜夜失眠。

我曾求助于一个很著名的作家，她鼓励我，安慰我，她反反复复地说这个世界有很多善意，你要相信这一点。一直以来，印象中的她很高冷，我没想过她会如此热心待我。她说一直关注我的朋友圈，期待我像以往一样，继续美好下去，不要被俗世所累。

我相信多年之后，我依然会记得她那句话，这个世界有许多善意。对，这就是我写作的意义。将善写在笔下纸间，但愿这本书除了给你满满的诚意，还有许多善意。

韦娜

2018 年 5 月

不要等着机遇来找你

也不要辜负了最好的时光

不要在你可以全力以赴的年纪

却选择了尽力而为

机遇转瞬即逝，别给自己退路，你必须全力以赴

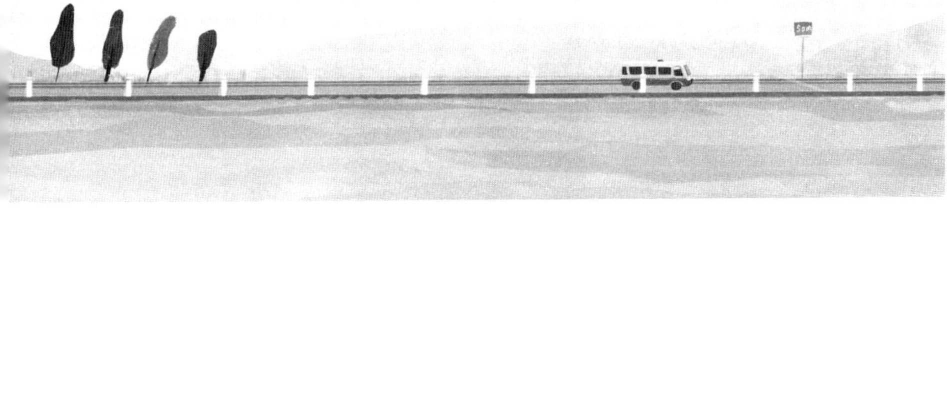